品成

阅读经典　品味成长

幸福从来不靠别人成全

晏凌羊◎著

人民邮电出版社

北京

图书在版编目（CIP）数据

幸福从来不靠别人成全 / 晏凌羊著 . -- 北京：人民邮电出版社，2025. -- ISBN 978-7-115-66560-7

Ⅰ . B844.5；G78

中国国家版本馆 CIP 数据核字第 2025AW9814 号

◆ 著　　　　　晏凌羊

　　责任编辑　袁　璐

　　责任印制　马振武

◆ 人民邮电出版社出版发行　　北京市丰台区成寿寺路 11 号

邮编 100164　电子邮件 315@ptpress.com.cn

网址 https://www.ptpress.com.cn

三河市中晟雅豪印务有限公司印刷

◆ 开本：880×1230　1/32

印张：10.25　　　　　　　　　　　2025 年 4 月第 1 版

字数：211 千字　　　　　　　　　2025 年 4 月河北第 1 次印刷

定价：59. 80 元

读者服务热线：（010）81055671　印装质量热线：（010）81055316

反盗版热线：（010）81055315

自 序

（一）

29 岁离婚后，我度过了一段心情极其糟糕的阴暗时光。我哭湿了好几个枕头，哭的原因，不是"爱而不得"，而是"心疼自己那一两年过得那么苦""自责没有早日看破骗局""恨对方为一己之利，恶意制造了信息不对称"。

人一自怜起来，就很容易恨。那是一个心理动荡期，我经历了"时而打鸡血、自信满满，时而觉得自己一文不值"的矛盾期。我一会儿后悔，一会儿怨恨……反正，至少在一年时间内，我的情绪是很反复的。一段情感也好，一段婚姻也好，其实都是一个长长的故事。当事人能讲出来的，外人能看到的，都只是一个又一个的"横切面"。

在价值观方面，我真的是把自己整个儿"打碎又重塑"了一遍。没有重塑好的那段时间，我其实蛮迷茫的，因为我的人生规划里根本不涉及"出轨"和离婚这些事。我从小接受的教育是，找一个靠谱的男人，和他生儿育女、白头偕老。

这种感觉像什么呢？就像你从城市出发，要开车去山上的森林里打猎。你的目的地一直是那片山，也从没有想过有第二个目的地。突然，通往山上的路断了。你看到连绵起伏的青山就在那里，就在远方，但你过不去。

你一开始还是想去那片青山，但试了几回后，始终找不到进山的路。你很迷茫，并开始怀疑自己，不知道是自己错了，还是山错了，又或是整个世界都错了。

平静下来后，你尝试着重建生活的秩序，把车倒出来，然后往有路的地方走。你也曾穿越黑暗的隧道，走过悬崖峭壁，遇到"断头路"，把车开进穷巷……但在找路的过程中，你磨炼了车技，想通了很多事情。

再之后，机缘巧合之下，你驶入一条大道，并惊奇地发现那条大道的尽头是大海。海里有各式各样的鱼虾，如果你学会打鱼也可以收获颇丰，海边的风景也一样漂亮。

然后，你就再也不想再回山里去了。山林和海边的生活，各有各的精彩，各有各的苦楚，但只要你够强大，你就可以为自己创造一个新的世界。

为什么我在绘本《妈妈家，爸爸家》里，把爸爸妈妈的形象分别设计成"山里的大蓝鸟"和"海里的大透明鱼"呢？就是因为在我潜意识里，那是两种截然不同的归宿。山林，代表传统；大海，代表新的方向。我们对山林依赖太多、美化太多，对大海了解太少、偏见太多。

去往大海的路途，因为少有人走，所以总是显得不那么平顺。尤其是一些天生就被传统模式保护的男人以及深受传统模式影响的女人，会对山林产生"路径依赖"，他们甚至不敢往大海的方向望一望。

就我的体验来说，我觉得失恋和离婚的感觉是不一样的。失恋后，你还是会有点懦弱感，怕这怕那，甚至还想再找个对象，以此证明自己是值得被爱的。而离婚不一样，离婚的影响范围更广更深，但你只要能从这件事中走出来，就根本不想再去讨好谁、依附谁、被谁保护、用谁的标准去衡量自己。你会活得更自由，一人就敢勇闯全世界。

以前，我就像身处一个啤酒瓶里。从前男友到前夫，不过就是换了一个让我感觉更宽敞一点儿的啤酒瓶。而离婚这件事，就是啤酒瓶的瓶颈。我从那个狭小的瓶颈口挤出来，真的是疼到仿佛蜕了一层皮，浑身的骨骼都像被重新组装了一遍。

但是，我挤出来后，天地豁然开朗。再回去看那些啤酒瓶的时候，我只觉得它容纳不下已经快速成长起来的我了。而且，看过更宏大、更精彩、更真实的世界后，无论如何我也不愿意再回到瓶子里去了。

现在的我，不再是无根的浮萍，我觉得自己长成了一棵树。我的根须，扎实地扎在了土壤中。我的茎叶，舒展地伸向了天空。我不再像过去那般容易害怕和慌张，因为我已经形成了一整套比较自洽的价值观。不管外面是风吹雨打，还是烈日暴晒，我都能稳稳地站在那里，甚至还能庇护身边的小树苗。

浮萍弱小，对水源的依赖度高，但大树则不同，在雨季的时候它可以利用粗壮的树干和根须储存水分，天旱的时候也不怕缺水。我就是想活成一棵粗壮的树，不断生长、繁盛，然后衰老，寿终正寝，化作春泥更护花。

这种体悟，千金不换。

（二）

当年二十几岁的我，处于世俗标准中"女人最美好的年龄"。那时候，我特别爱花钱、爱打扮。房子、车子我都没有，存款也没多少，收入也没多高，但我舍得买比较贵的衣服，每天描眉画眼，换不同的耳环戴，用大牌护肤品，隔三岔五去弄个头发，或是背着行囊到处去旅行……生怕别人认为我"丑穷胖"。

但是，说真的，我不怎么喜欢那时候的自己。那时候的我就像无根的浮萍，随便来一阵风都能把我吹到一个不知道是哪儿的地方去。我内心充满了各式各样的恐惧，只想抓住一个人、一段关系让自己稳定下来。可是，"靠人人会跑，靠山山会倒"，当时的我虽然处于所谓的"最美好的年龄"，皮肤、相貌、身材，样样比现在好，但我却因为没能发展出强大的精神内核而终日纠结痛苦、惶惶不安。

现在呢？年近四十，我已经没了讨好和迎合别人的兴致，只想讨好自己，只想活出自我。我拥有一定的资产和积蓄，能扛起一个家，但生活却非常简朴，只在意自己是否感到舒适、自在，不怎么在乎别人的看法。我更喜欢快四十岁的自己，现在的我已经离婚好几年。前段婚姻里那些烂事儿带来的负面情绪，我已经消化完毕，而我也在这种痛苦中，真正实现了成长和蜕变。

我二十来岁的时候觉得四十来岁女人的人生是不是"就那样

了"，可等我也走到这个年龄段时，我觉得它有无限可能，而且不一定非得跟爱情有关。在这个阶段，我时常感到疲惫，但也时常觉得充盈和笃定。如果你问我更喜欢哪个时候的自己，我的答案是：现在。

现在老有人拿古人说的"三十而立"来要求自己，希望自己三十岁就能买房买车、结婚生子、事业有成，可我觉得这并不对。古人平均寿命短，所以古人急着"三十而立"可以理解。但我觉得，现代人平均寿命变长了，三十如果不能"立"，也不必太着急。别人怎样，我们未必也非得怎样。找到自己的"坐标系"（价值观体系），然后找到自己的"坐标"，不停自我探索和成长——这才是真正重要的事情。完成了这一步，你就不会再急着像打卡一样完成人生任务，而是会不疾不徐地从内心出发，找到自己真正想走的路。这需要悟性，需要阅历，需要勇气和毅力。如果这一点还没有做好就着急追求"三十而立"，你获得的就很有可能只是"假立"。看似无坚不摧，实际内里是空心的、虚弱的，不堪一击。

我理解的"三十而立"，"立"的不是房子、车子、婚姻、孩子、事业等外在的东西，而是一种人生的底层逻辑。当你拥有了这种底层逻辑，其他外在条件就都会水到渠成，到了四十岁再拥有那些也不算迟。

"长大了就会懂得"这句话并不是没有道理。比如你在 23 岁说分手和在 32 岁闹离婚，怎么说都不可能是一档子事。虽说后生可畏，但前辈的世界，年轻人总是不可能都懂。人生其实就是在经历中产生思考，你经历儿童期、少年期、青年期，经历病痛和挫折，经历恋爱、婚姻，成为父母，送走双亲，迎接死亡。这种身份不断转换的过程，也是一种"悟道"的过程。

虽然我不太喜欢二十几岁的自己，但又很羡慕那时候我的年轻。那时候的"至暗时刻"，往往是"想不通""想不开"带来的；而中年以及往后人生的"至暗时刻"，则可能是意外或不可抗力带来的（比如破产、患病、生离死别等），这些事靠"想通""想开"是无法解决的。每个年龄段都有每个年龄段的难处，而站在即将40岁的关口，我内心也感到有点儿悲凉，感觉人生就像被吃掉了一大半的蛋糕，虽然蛋糕做得那么气派，但它确实所剩无几了。我现在拥有的一点儿经验、教训、体悟、成长，都是用一去不返的时光换来的。

（三）

有时候想想，但凡我出身好一点儿、工作和婚姻顺一点儿，可能我都无法成为今天的我。因为我是属于那种"被压制得越狠，就反抗得越厉害"的人。小时候家里穷到揭不开锅，我意识到读书是我唯一的、成本最低的改变命运的方式，于是，我才愿意在读书方面去发力。如果我家庭条件好一点儿，我可能会没有像现在这么大的奋进动力。

从我记事以来，我父母的关系就不和睦。我是真的很讨厌自己原生家庭那种窒息的氛围，才想着要离家远远的，去外面闯荡。我去北京上大学，来广东找工作，早些时候甚至想出国，原动力都在于此。

如果我的工作、婚姻顺一点儿，很有可能我就会找一份普通稳定的工作，接受"男主外，女主内"的生活模式，过完这一生，错过做自媒体、创业的机会。然而，工作方面我遭遇不公，婚姻方面我被前夫瞒骗，离职、离婚之后我才能奋起。

安逸只会让我平庸，挫折才能让我奋起。所以，我感谢命运，更感谢自己。

这些年，很多离婚题材的热门电视剧都在讲述这样的剧情：一个女人因为遇到"渣男"而跌入命运的谷底，后来遇到另一个或几个男人，得到他们的帮助和扶持，嫁给了"高富帅"，走上人生巅峰。编剧非要给女主角搭配一个救她于水火中的优质男人，好像不铺设这样的剧情，女主角的离婚翻身仗就打得不够漂亮，她离婚后实现的这一场逆袭就来得不够华丽。

这些男性角色一个个都像被神化了的人，是被编剧安排来拯救女主角的人，近似于每次唐僧有难就从天而降的孙悟空。编剧设置这些"男拯救者"角色的目的，大概是为了让离了婚的女主角逆袭得更彻底一些。他们可能认为，女性即使事业成功了，但她的身边若是没个男人，似乎就无法在前任那里扬眉吐气。可在我看来，这些"英雄救美"的男性角色的存在，反而削弱了女主角的励志精神，让本身就很独立、努力的女性成了"英雄"培养出来的逆袭范本，只反衬出"英雄"的神通广大、无所不能，却弱化了女主角的果敢、独立、自主。这样的逆袭，看起来多少有点儿尴尬。

这些年，我一路走，一路悟，遇到了很多人、很多事，想通了很多事情，积累了很多心得。很多想离婚或已离婚的朋友找到我，向我倾吐她们遇到的困惑，我也帮助她们解决了很多心理困境。我很高兴能遇到她们，很荣幸我能成为她们的"嘴替"，替她们说出心声，很高兴我的文字能给她们提供心理应援、指引和陪伴。

有一段时间，我在公众号征集离婚故事，很多读者给我讲了她们的离婚故事，希望我能解答她们遇到的生活难题。这些故事，我每看一个就难过一分，因为真实的生活太残酷了。她们的遭遇让我感同身受，也让我生出"同病相怜"之感和"惺惺相惜"之情。

生活不会因为你离婚、成了单亲妈妈而对你高抬贵手，没有人给你遮风挡雨，没有人给你搭桥铺路，该来的残酷依然会来。而她们硬是靠自己一点一点地站了起来，一点一点地把自己从泥潭里拉出来，边流泪边熬过那些漫长的岁月，撑不下去也要硬撑，然后，一点一点地让自己和家人的生活往好的方面发生转变。

有的人慢慢走出了离婚阴影，虽然没有找到新的伴侣，甚至已经断了结婚这个念想，但她们越活越开心，越活越自由，活出了一个离婚女性、一个单亲妈妈应该有的人格高度。有的人离婚之后经历了漫长的修复期，然后一点点好了起来。运气好一点儿的人，真的遇上了比前夫好的优质男，然后再婚生子，过上了平淡的生活。这样的生活或许谈不上"生活在蜜罐里"，但因为经历过前一段炼狱般的婚姻，所以"不再痛苦""过上正常人该过的生活"对她们而言就算是幸福。

现实生活中的离异女性，她们没有电视剧女主角那样光鲜亮丽，遇到难题谁也指望不上，自己"蜕几层皮"才从离婚阴影里走出来，然后走向康庄大道——这才是真实生活中的励志范本，她们才是真正的逆袭女主角。

人生或许就是这样，我们都要经历一个又一个的"坑"，才能不断在挫折中成长、攀登、向上。坑爬得多了，我们也就渐渐学会了避坑。或许，现在还有很多人在坑里，想要获得救赎的力量。我真想帮她们一把。

我离婚的时候只有 29 岁，那时我的女儿还不到一岁。发生这样的人生变故，当时我也很迷茫，心中也有很多困惑，我也曾尝试去书里寻找答案。但我翻遍了相关的书籍，却发现没有一本能帮到我。因为这些书籍大多都不是有离婚经历的人写的，读来甚觉隔靴搔痒。这类书中大多是高高在上的说教，讲的全是"正确的废话"，像 AI 写成的一样，缺乏人情味儿。所以，当编辑找到我，跟我说希望能出一本重点关注离婚后如何育儿的书时，我欣然答应了。我甚至"口出狂言"，跟编辑说："稿费比我便宜的作者没我写得好，比我写得好的作者不如我写得快，比我写得快的作者不如我对离婚和单亲育儿的体验理解深。离异人士的痛点我几乎都清楚，离异人士育儿的难点我也知晓，找我再合适不过了。"

我不敢说我在这本书里说的对所有人来说都是正确的，但如果你处在离婚的"初级阶段",如果你在单亲育儿方面有很多困惑,可以听一听我这个过来人的体悟。不必忙着断然否定,也不必全盘接受,选你觉得对你有益的部分听一听,如果有助于你积极反思和建设自己的人生,那也算是我的造化了。

晏凌羊

2024 年 10 月

第
一
章

不是离婚伤孩子，
是不称职的父母伤孩子

真不必"为了孩子不离婚"

01 幸福比完整更重要

我是在 2013 年离的婚。领离婚证的那天，离孩子的一周岁生日还差一个月。

事实上，离婚的想法一直在我脑海中酝酿，只是我总觉得缺一个最佳时机。当这个时机出现的时候，我二话不说就把婚给离了。

结婚靠的是冲动，而离婚不过就是水到渠成的事儿。相遇总是猝不及防，而分离多是蓄谋已久。

我离婚离得快，几乎就是"手起刀落"的事儿。虽然内心也感受过排山倒海的痛苦，但我从来没为这个决定后悔过。

周遭的人问我："你怎么就离了呢？就不会为了孩子忍忍吗？你自己离了倒是清爽，但孩子呢？孩子没有完整的家了呀。"

我回答："完整算什么？我要她幸福。"

人生充满缺憾，但也正是这些缺憾造就了人生的多样性，也形成了我们的特色。因此，不必刻意去追求"模具化的人生"，对有的人来说，离婚也只是一个"两害相权取其轻"的选择而已。

可以说，我几乎就没有考虑过"为了孩子不离婚"这个选项。

　　形式上的完整对我而言根本不重要，那都是过给别人看的。我只关注一点：我是不是真正因为有了这种"完整"而感到幸福、快乐？如果答案是否定的，那这种"完整"就没必要继续下去了。

　　站在孩子的角度考虑，我也不愿意她拥有一个不快乐的妈妈和一个不愿回家的爸爸。

　　我的人生中没有"为了孩子不离婚"这个选项，可能也跟我的经历有关。

　　我从小成长在一个父母关系极不和睦的家庭里。从记事以来，我父母就一直不和，两个人在同一个屋檐下的状态不会超过三天。他们只要在一起就不开心，整个家庭氛围非常冰冷、压抑。

　　那时候，为了供我和弟弟上学，我父亲常年在外打工，和我母亲过着两地分居的生活。父亲和工友们在一起，挣了钱就往家里寄，但他在外反而过得逍遥自在。母亲一个人在家里操持家务、干农活，虽然绝大多数时间她都在控诉父亲的不是，但偶尔她也有开心的时候。她开心的时候，家里的氛围会忽然好起来，这种家庭氛围还不错的日子对我而言简直就像撞大运，但只要一看到我父亲，她的坏脾气就很容易发作，家庭氛围就又会降到冰点。

　　正是因为从小成长在父母隔三岔五吵架、打架、闹着离家出走的家庭，我从小几乎没有一天安生日子可过，每天都在担心自己会辍学也就罢了，我还得担心哪天我就没了妈或没了爸。只有大年初一那天他们俩能稍微和谐一点儿，可习惯了他们的剑拔弩张，我在那一天竟觉得浑身不自在，觉得家庭氛围很尴尬。等到大年初二两人又开始闹矛盾了，我才觉得家里"变正常"了，莫名其妙有种"这才是我熟悉的生活"的"安全感"。像中秋节、春节这样阖家团圆的日子，对我而言反而像酷刑。直到现在，我也不喜欢过节，任何节日都不喜欢。父母皆在场的团圆，有时候对我而言反而是一种精神负担。

从我记事以来，我父母就没有任何亲密举动，我也没有见过他们俩睡在同一张床上。无性、无爱、无钱的婚姻，他们竟凑合了一辈子。婚姻对他们而言，就是一个为了繁衍后代而必须套上的"空壳"。

我父母离不起婚，从心理到经济条件上都是。他们在长期的相处中，已经形成了一种"共生绞杀"的关系。这种关系表现为两个人靠攻击彼此来确认自己的存在，但实际上早就"谁也离不开谁"了。

现在，我的父母已经老了，更不可能离婚了。

有一年，父亲中风住院，我把父亲接到了广州治疗。那段时间，母亲也在生病，每天只能奄奄一息地躺着或者坐着。也正是在父母都生病的时候，我才悲哀地发现：我的父母并不很爱对方。他们照顾对方，更多的只是出于一种责任、一种义气、一种习惯，与"爱"这个字眼似乎没多大关系。甚至有时候，他们主动承担起照顾对方的义务，只是为了让我轻松一点儿。

有一次，我带父母出去吃饭。回来的路上，我们看到小区里有一对老夫妻互相搀扶着在树荫下散步，我发现他们俩的目光都停留在那对老人身上看了好久。那目光里，有羡慕，更有认命。但我也知道，让他们俩像那对老人一样相处，是绝对不可能的事。

还有一年，我父母为了办买房手续，回老家补办了遗失的结婚证，后来他们居然还托人在老家看墓地，想死后葬在一起。我知道他们不是真想这样，只是觉得"应该"这样。他们违背自己的真实感受，"捏着鼻子"和对方过日子，就这样"应该"了一辈子。大概是因为"维持婚姻"和"拥有所谓完整的家庭"对他们而言比"幸福"更重要吧。他们根本过不了面子这一关。即使不要面子，他们也无法承受"老年离婚"的失败感和沮丧感。而我真的很佩服他们能在那样冰凉怨怼的婚姻中熬了那么多年，直到熬成了习惯。

我从小都害怕父母在一起，我甚至希望他们离婚，希望他们离婚后还能为了孩子和谐相处。可我也知道，这是不现实的。

在我的农村老家，两口子离婚是一件很丢人的事。很多人跟伴侣已经过不下去了，但还是选择在"僵死"的婚姻里苦熬，甚至宁可做出极端行为，也没想过要去离婚。大概对于他们而言，离婚真的是一件非常丢人的、不可承受的事。那些最后真离了婚的夫妻，离婚前两人的关系就已经到了"不共戴天"的程度，离婚后断然不可能有和平相处的道理，更不要说照顾共同的孩子了。在不少农村人的概念里，孩子跟了谁就是谁的，与另一个人毫无关系。

在这种观念的影响下，我父母不可能离婚。因为两个人都没钱，离婚之后两个人都会过得更惨，我父亲可能连个干净的床铺都没有，而我母亲根本没能力独自供孩子上学。离婚对他们两个人以及孩子们的生活来说，都是雪上加霜。不离婚，继续合伙过日子，断绝对幸福的向往，这是摆在他们面前最现实的选择。

实际上，我父亲是个好人，我母亲也很善良，但这样的两个好人却没法成就一桩好婚姻。我爱他们，他们也爱我，但尴尬的是：他们并不很相爱，并且就这样过了一辈子。我知道，不是所有人都有运气遇到对的人，也不是所有人都能拥有好的婚姻。有的婚姻是温暖的港湾，有的婚姻则是剑拔弩张的战场。我父母就是"坏婚姻"的受害者，他们秉持"为了孩子不离婚"的观念，反而让我和我弟弟成了这种观念的受害者。

以前，父母不和带给我无尽的恐惧、焦虑和伤害；现在我有能力了，变强大了，父母不和又会带给我比较大的养老压力。夫妻不和，双方就只能在儿女身上找寄托，把自己的人生"吸附"在儿女身上。等他们老了，我只能把他们接到身边，把我自己的房子租出去，再去承租一套大房子，让他们每人住一个套间，连卫生间都不共用，这样就可以少点儿摩擦和争吵。我现在已经让他们过得衣食无忧了，但他们连让自己获得快乐的能力都没有，自然也就没办法还儿女的生活一片清净。

年轻时，他们忙着搞内讧，让家里穷得叮当响，让孩子在恐惧和贫穷中长大。等到老了，他们也还在给我的生活制造"噪声"，因为他们的眼界、心界和世界都小到只能装得下对彼此的仇恨。我无数次想跟他们说："你们四十年来都这样相处，你们想过对我心理产生的影响吗？你们觉得你们作为父母称职吗？你们坚称自己是为了孩子不离婚，但这种状况是我们需要的吗？相比父母离婚，父母不和却坚决不离婚的家庭，对儿女来说才是地狱。"

小时候，我的愿望是父母能和睦相处，家里穷一点儿没关系。再后来，我发现这个愿望太过奢侈，我就把愿望调整为"希望父母离婚"。这是一个隐秘的、无法宣之于口的愿望，因为这可能会击溃我父母这么多年自我感动式的付出。

是啊，很多父母声称"为了孩子不能离婚"，其实是为了彰显自己"伟大、高尚、为孩子做出了牺牲"，但本质上是因为他们自己不敢离婚才找了儿女做挡箭牌。这种把孩子当作彰显自己道德、掩饰自己懦弱的工具的行为，我不忍心戳穿。

还好，我没有走我父母的老路，发现跟前夫不能一起走下去，就当机立断地离婚。不走父母走过的错路，阻断家庭悲剧的轮回。

11岁时，为了远离家庭，我选择去离家四十多公里的县城上学，过上了"半自立"的寄宿生活。那以后，我离家越来越远，也越来越自立，并渴望建立自己的新家庭，一个幸福的、和谐的、不同于我小时候那个家的新家庭。后来，建设幸福新家庭的梦想又被现实无情地击碎，我做了一个"退而求其次"的选择：离婚。

离婚后，我有时候也会内疚于没能给孩子一个完整的家，但更多的时候，我会欣慰于自己的选择：我的孩子终于不必因为父母不和睦而经历我所经历的那些痛苦了。她现在可以跟一个快乐的妈妈在一起，也可以跟一个快乐的爸爸在一起。她的爸爸妈妈可以心平气和地聊起她，而她也可以坦然地跟她的小伙伴介绍说："我爸妈不住在一起。"最重要的是，她听不到父母之间的争吵，感受不到双方对立、怨怼的情绪，更不用像小时候的我一样，偷偷许愿希望父母住在一起的时间少一点儿，再少一点儿。在一个完整但氛围压抑、冰冷的家和一个不完整但氛围轻松、愉悦的家之间，我相信她会选择后者。

在我长期的培养和教育下，我女儿早就确立了这样一种认知：爸妈之间的恩怨、过节，那是他们自己的事，跟我一点儿关系都没有，我只需要关注妈妈对我好不好、爸爸对我好不好，至于他们过去的恩怨，我就当看场电影啦。

我和前夫已经离婚多年，但离婚对孩子心理造成的影响很小，就是因为我从小让孩子树立了"谁的事，谁去管"的边界意识。

我女儿逗号，在她九岁的时候，一个同学在微信发消息问她："我想问你个问题，你可千万别介意啊。"女儿回复说："你问。"然后他们有了如下对话。

同学："你见过你爸爸吗？"

女儿："见过啊，我爸每周都来接我，怎么啦？"

同学："你爸妈不是离婚了吗？"

女儿："离婚是我爸妈互相离开彼此了，不是我爸离开我了。这是两回事啊。"

后来，女儿问我：“妈妈，那个同学为什么要这么问啊？她为什么会担心我介不介意啊？”

我说：“可能是有一些同学在他们的父母离婚了以后很介意别人提这事儿。但对咱们来说，这事儿没什么好介意的。我们介意的事情越少，我们就活得越自由。”

你看，我女儿甚至不觉得“父母离婚”算是“奇怪的事儿”。

我父母一辈子持“为了孩子不离婚”的观念，给我带来了莫大的伤害，甚至一度影响了我的婚姻观、我与伴侣相处的方式。而我刚发现自己陷入了一段“僵死”的婚姻，就立马“手起刀落”离了婚，却培养出了一个心理相对比较健康的孩子。由此可见，父母“为了孩子不离婚”可能并不会产生良好效果。

人生那么短，把生命浪费在一段“僵死”的婚姻里，让孩子成长在一个氛围冰冷的家庭中，实在不能算是一件对自我负责、对孩子负责的事。

02 做好课题分离，为自己而活

时至今日，我经常会遇到一些在一段不合适的婚姻里很痛苦却不愿选择离婚的女人，他们在我的微博评论区或私信里反驳我：“像你这种随随便便就离婚的人，其实特别自私，因为你只顾自己快活，不顾孩子死活。”

这些言论常常看得我目瞪口呆，可我也只能笑笑，感慨我和她们在思想层面仿佛分别处于两个不同的时代。离婚怎么就是“只顾自己快活，不顾孩子死活”了呢？

还有一些人在离婚后生活得不好，没能把单亲孩子教育好、引导好，就把这一切都归咎于离婚这件事，他们坚信孩子在父母怨怼过一辈子但绝不离婚的家庭中就能幸福成长。

这样的单一归因思维以及对外界的恐惧，暴露出的不过是他们内心的自卑、虚弱。他们把亲子关系和夫妻关系混为一谈，并结合自己的处境发展出了一套用于自我说服、自我感动的价值观。

现实生活中很多婚姻存在巨大问题的夫妻，他们已经不适合再继续走下去，却还坚持"为了孩子不离婚"，他们做的不过是一件"自我感动"的事情。他们用上"为了孩子"这种借口，只是为了让自己不离婚的决定充满"合理性"甚至"崇高性"，只是想用这个借口来掩饰内心不愿正视的某种现实窘境。比如，"担心离婚以后没有收入来源，可能会面临没地方住、没钱用的困境"，或是"对伴侣还心存幻想，觉得我们还会回到从前"，又或是"因为配偶有钱有势，舍不得放弃这些到手的资源"……这些窘境，说出来得多难堪啊。相比之下，说自己是"为了孩子才不离婚的"，就显得自己伟大、无私、无奈多了。

其实，很多时候孩子没有我们想象的那般关心父母的婚姻状况，年龄小一点儿的孩子可能都不太能理解婚姻意味着什么。他们更在意的是，父亲待自己怎样、母亲待自己怎样、自己的家庭氛围怎样。孩子更能直观感受到的，是父母的情绪，是父母对待自己的态度，是家庭的氛围，是家庭里流淌着的或温暖、或奇怪、或冰冷的"气息"。

如果父母本身把"家庭完整"看得比"家庭幸福"更加重要，那么孩子可能也会因为想捍卫这种"完整"，而陷入对"不完整"的恐惧之中。就像一对父母天天在孩子耳边念叨"那个花瓶很珍贵的，千万不能砸碎啊，砸碎了我们所有人都完了"，孩子也会陷入"花瓶可能会破碎"的恐惧之中，然后尽自己所能去维护花瓶的完整。可是，小小的孩子干吗要承受这么多呢？为什么父母不能让孩子活得更松弛一些呢？

要知道，花瓶本身就是用来"观赏"的，而不是用来"保护"的。满足了你的观赏功能，它才有被保护的价值，我们不该本末倒置，把所有的精力都花在"保护花瓶"上。如果它不可避免会摔碎，那就让它碎了好了。再买一只新的，或者把花瓶里的花插到别的容器里，也能满足我们的"观赏"需求。

我们追求的是内心的幸福，而不是某样东西的"完整"。"完整"是做给别人看的。

如果孩子能在父母那里感受到充足的爱和安全感，能从父母处理婚姻关系的过程中学会尊重每个人的意志、自由和边界。那么，即使这个孩子的父母离婚了，你觉得父母离婚对他的影响能有多大呢？

如果你真的把孩子当成一个和你同样平等的个体，就无须人为地为他建立起一面"隐形墙"。如实地跟孩子讲述并引导他积极看待父母离异这件事，并没有多难。孩子没有你想象的那么脆弱，脆弱的是自以为是的大人罢了。

"对父母而言，孩子比天大，所以，为了孩子不要离婚"这话听起来特别伟大，也很感人，但你仔细一想，会觉得这种思维有点儿可怕。

仔细观察，我们会发现：那些会强力干涉儿女的婚姻，把原本简单的婆媳、翁婿关系搞得一团乱，甚至导致子女离婚的父母，他们奉行的就是"孩子比天大"的思想。对于一些人来说，当了父母，他们就再没有了自我。他们活着，就是为了孩子。他们对孩子的心之切、情之真、无偿付出之牺牲精神"举世罕见"。但同时他们对孩子的专制、武断、纵容和溺爱也是"举世罕见"的。父母只为子女而活，把孩子视为"天"，那么孩子成龙成凤的可能性就越来越渺茫。父母没了自我，孩子也发展不出自我。父母把自己的人生和孩子的人生捆绑在一起，这对两代人来说都是一种悲哀。

我有个朋友，她跟丈夫感情一直不大好，她丈夫固执地认为"为了孩子不能离婚"。她一提离婚，他就变得歇斯底里，但是，需要两个人坐下来好好谈、好好过日子的时候，他又不配合。算起来，家里的钱主要是她赚来的，但他们俩的财产利益已经深度绑定，只能就这么"好不了也离不了"地过了很多年。两个人从女儿两三岁时就开始闹离婚，闹到现在女儿十三四岁，进入了青春叛逆期。女儿一听父母要离婚，就抑郁失眠，就要离家出走……现在，我这位朋友完全被女儿的心理状态给"绑架"了，她就更不敢离婚了。

我不太理解这个女儿的心态，但她之所以会这样，跟父母平日的言传身教密切相关。父母界限不清，没办法把婚姻关系和亲子关系区分开来，没有做好课题分离，孩子也就跟着界限不清，分不清楚哪些事是"我的事"、哪些是"父母的事"，甚至把"父母的婚姻关系"等同于"父母与我的关系"。

一家子就只能这么过着界限不清的"糨糊"日子，每个人都多难受啊。

而这类家庭的亲密关系之所以出问题，往往就是因为父母没有做好课题分离，把本该分开处理的夫妻关系和亲子关系混为一谈，最后的结果必定是把本该泾渭分明的关系搅和成一团糨糊，剪不断，理还乱，害人害己。

导致孩子受伤害的，从来都是"人"，而不是"离婚"本身。

01 坏婚姻就像一台不断出故障的打印机

我觉得坏婚姻就像我扔掉的那台打印机。当初我想着它价格合适，质量尚可，就买了一台凑合着用。岂料，打印测试页的时候还好好的，可过了退换货期限后，我再拿它打印超过十页的文件，它就频繁出故障。

一开始，我也忍，虽然它无数次需要我浪费宝贵时间去清除卡纸、重启，但我觉得一切尚在能忍受的范围内。后来它彻底罢工，一开始我还会耐心维修，但捣鼓几次后，我发现我实在搞不定硬件故障。再想想现在我每天最缺的就是时间，实在没空修理它了，这样做真是得不偿失。所以我直接买了个新的、贵的打印机，把买来只有小半年的旧打印机在二手平台上赠送出去了。

这多像失败的婚姻啊。如果一开始你就想着凑合，最后它真的会给你一个凑合或是凑合不下去的结果，然后你才明白：选择比努力重要。选对了人，你就成功了一半；选不对，那你后期再努力也没什么大用。

老一辈的人常说，年轻人的东西坏了，他们不是先修而是直接换新的，他们对待婚姻也是如此。言下之意，年轻人没耐心，不懂得慢火熬汤，不懂得给自己和别人机会，不懂得好婚姻是长久磨合、经营出来的。

我不太同意这个观点。物资匮乏的年代，修理旧物品的成本比购买新物品要低很多，所以人们倾向于东西坏了先修理。举个例子，那个年代人们买双鞋需要二十几块，修一双鞋需要一两块，那大多数人肯定选择先修。但是，到了物资丰富、人工成本高的时代，大部分损坏的物品根本不值得修，或是修理成本太高。比如，我那台坏掉的打印机，如果请售后人员上门修，上门服务费两百元起，还不算更换零配件的费用，还不算我联系修理人员需要花出去的时间、精力。即使修好了，它日后可能坏得更频繁，还会消耗我更多的时间、精力甚至是机会，而我买一台新的、同型号的打印机只需要几百元。当你的修理成本接近于"买新成本"时，你自然就不想在维修上浪费时间。

同样的，那些即将或已经"散架"的婚姻，大多数都不值得"修"或是"修理成本太高"。老一辈人离婚的少一点儿，可能只是他们"维修婚姻"的成本比"直接换人"低一点儿而已，倒不一定是因为他们更有耐心"维修婚姻"、更有智慧经营婚姻。相反，好多老一辈人因为太看重婚姻这个"壳儿"，太看重"面子"，他们反而更愿意凑合。我们这代人更看重自己的感受，更看重生活的"里子"，当我们发现一桩婚姻需要耗尽自己的元气去维护，而且维护了也未必能得到好结果，那我们就当然要及时止损、保存实力，去追求更好的。

老一辈强调"从一而终"，新一代追求"我配得上更好的"，二者都没什么错。大多数时候，生活不是这么简单就可以分类的，关键还是要看"标的物"是否值得修理。年轻人也有选择"修"的，老一辈也有遇人不淑就及时止损的。

每个人心里都有一杆秤，都在衡量每一个选择的性价比。结婚只是一种选择、一个事件，它是人们追求美好的生活的途径之一。离婚也无对错，它也只是一种选择、一个事件，至多让人觉得有点遗憾。它不是毒药，不是洪水猛兽，只是一种专门针对坏婚姻的、非常良好的退出机制和止损机制。

如果你要进入一个房间，但是，在进去之前有人告知你"进去了就不能出来哦"。那你是不是会被吓到？正是因为我们走错了路就可以回头、找错了对象就可以分手，我们才敢去走上征途、才敢勇敢地去爱。

02 离婚并不酷，它只是"两害相权取其轻"的选择

曾经有人问我：离婚让你很自豪吗？

不，我不自豪，也不自卑。我觉得离婚只是一种选择，谈不上好坏。我不会因为离了个婚，就离出了优越感；也不会因为离了个婚，就觉得自己矮人一等。

很多时候，我也得承认，离婚只是一种"退而求其次""两害相权取其轻"的选择。比如，父母离婚还是会对孩子造成不好的影响。

我一早就知道，在培养孩子方面，我们单亲家庭很难赢得过那些父母恩爱、团结的家庭。我女儿所在班里的前几名，几乎全

部生活在父母恩爱、氛围积极的家庭之中。要么父亲很有能力、母亲全职在家培养孩子，要么父母是双职工但在教育孩子的事情上轮番上场……大家真的别小看这种点滴的努力，它真的能积沙成塔。

作为单亲妈妈，我能怎么办呢？我要是把时间、精力都拿去培养孩子，我家就没人赚钱养家。我要是把时间、精力都拿去赚钱养家，孩子良好的生活和学习习惯就培养不起来，成绩也会往下掉。就连带孩子出去玩一趟，一个人的精力消耗也会更大。父母轮流上阵、做好角色分工的家庭，总不似我家这般艰难，毕竟我是"蜡烛两头烧"嘛。但是，事已至此，我也只能尽力平衡好事业与育儿这两件事。

人生真的很难两全。我们很多时候缺的不是方法，而是资源。比如，时间、金钱以及人力资源。单亲家庭的这部分资源匮乏，确实是很难通过"想办法"去解决的。离婚大概率会导致双方生活成本升高，这是客观事实。夫妻双方的结合，往往是强强联合、共享资源、优势互补；离婚后，双方分割财产，也再享受不到对方的资源，各自的生活成本可能会提高、生活质量可能会下降。假设一对男女的经济实力相当，两人离婚前，可以住一套大房子、养一辆好一点的车、用更好的家具家电；离婚后，双方得住两套房子、养两辆车、买两套家具家电……离婚后双方的生活成本都提高了。

我拿了驾照六年后都不敢开车，是因为那会儿前夫可以开车，我无须额外浪费我的劳力，也存在一点儿心理依赖性。后来离婚了，我就只能自己硬着头皮开着车上路。

刚开车的时候，我很兴奋，那种"自己抓住方向盘，想往哪儿开就往哪儿开"的感觉很爽，仿佛自己也一手把控了自己的人生。但过了几年，兴许是我年纪大了点儿、体力也变差了，我越来越不喜欢开车，因为开车对我来说就是一件既耗体力也耗脑力的事儿。开车期间，我的精神得高度集中，要观察路况、控制车速等，往往等到达目的地，一坐下来就觉得特别累。

女儿小的时候，我开车带着她出去，只能让她一个人坐在车后排的儿童安全座椅上。有时候她坐得不耐烦了，会哭闹，然后我就得边开车边口头安抚她。实在安抚不住，就只能找个地方把车停下来，安抚好了，再继续上路。

有一回，我也安抚累了，就任由她坐在后面哭。她哭得累了，就睡着了，把头偏到一边睡觉，拐弯时我在驾驶座能清晰地听到她的头倒到一边座椅上的碰撞声。那一刻，我还是觉得有点心酸。别的家庭出去游玩，大都是爸爸开车，妈妈坐在后座安抚孩子，大家分工明确、互相协作。离婚后，我家上哪儿玩都是我一个人"既当爹，又当妈"，往往等到了目的地，我的体力、精力也不够陪孩子玩了。

以上我说的只是自驾游这种情况。单亲妈妈面临的"精力不济"的问题，又何止于这一种呢？比如，你出差回来，可能还得管孩子的作业，没有任何人搭把手；你累到不行的时候，孩子还要找你玩；今天孩子的鞋穿不了了得买新的，明天孩子的裤子又短了得买新的……这些繁复琐碎的事情，每天都在"啃噬"着你的精力，这的确是有点儿影响你在某个领域做出成绩的，毕竟，做任何事情都需要花费时间和精力，你在家庭里消耗掉了，留给事业的份额就变少了。

当一个单亲妈妈，我时常处在一种"蜡烛两头烧"的状态，根本腾不出时间、精力去谈场恋爱。但我后悔离婚吗？从来没有，因为如果我不离婚，很有可能会过得更狼狈。我不仅要面对生活给的风浪，还要应对伴侣给的风浪。那种日子，何止是"蜡烛两头烧"，简直就是"两头烧着以后，拦腰还被烧一烧"。

我从来不美化离婚，不提倡、鼓励别人随意离婚，也不认为离婚是一件很酷的事儿。我从来没有说过"离婚光荣"，我一直强调的是：离婚是"两害相权取其轻"的选择，它只是一种止损策略。就像我们去炒股，最好的结果当然是盈利，其次是盈亏平衡，最差是亏损。同样的，进入婚姻之后，最好的结果是夫妻恩爱、团结，其次是婚姻能维持，最差是彼此伤害、消耗。

我们选择离婚，只是止损，只是纠错，是为了避免自己在那段关系中越亏越多，是为了能养精蓄锐、留下自己"打拼来的那一份"，保证它不被一段不良关系消耗掉。这里说的"打拼来的那一份"，不仅仅包括财产，还有时间、精力、心情、能量、希望等"家庭无形资产"。如果夫妻恩爱、团结，婚姻资源将得到最大化利用，如果夫妻离心、互相消耗，则是对婚姻资源的浪费，必须要及时止损。

我有个女性朋友，跟丈夫离心离德，但一直没有离婚。在房价不断飙升的那二三十年里，夫妻俩竟都因为"担心自己出钱买了房就便宜了对方"，没有买入任何一套房子，而是一直住在男方单位分给他们的宿舍里。两个人收入都不算低，但因为都有"防着对方"的心理，一直没做过其他让资产增值的投资，甚至都没攒下什么积蓄。十几年过去，夫妻俩拥有的资产只有单身同龄人的零头。

想来，婚姻也分几个品类："1+1>2"的婚姻是上品；"1+1=2"的，是中品；"1+1<2"的，是下品；"1+1=0 或 –1"的，是"地狱"。观察身边的现象，我觉得真正能拥有上品婚姻的人只是少数。如果你遇到的是下品婚姻，那还不如就让"1=1"，自己保持单身呢。

单身也好，在婚姻中也罢，不过就是两种不同的生活状态而已，无高下优劣之分，身处这两种状态的人无须互相鄙视。再潇洒的单身人士，可能也有某个瞬间想找个肩膀靠一靠。身处幸福婚姻中的人，可能也有几次想和伴侣分手的冲动。

一个人的认知，应该是多维的、立体的。在看待别人的生活选择时，我们的心态应该是悲悯的，充满体谅的，而不是充满优越感的、居高临下的。因此，大家不必分出个三六九等。

"世间好物不坚牢，彩云易散琉璃脆。"即使是令人艳羡的婚姻，也存在疮孔。这个疮孔，不一定是婚姻附赠的，而是人生的必经之物。也就是说，不管你是已婚还是单身，你都得承受这些疮孔，只不过每个人的疮孔部位不一样：有人丧失钱财，有人丧失健康，有人丧失亲人，有人经历失败……不如意，本就是人生的一部分。单身也好，已婚也好，都无法避免。

有人陪在你身边，与你站在一起面对这些不如意，当然是一种幸福，但为了这种"站在一起"，你也要付出良多。幸福不是别人凭空给你的，是你用自己拥有的价值交换得来的。单身的人把和他人交换"价值"的精力花在自己身上，既有能力迎接这些不如意，当然也能独享生活中的所有如意，只要他们不觉得自己不幸福，旁人就没必要替他们"觉得"不幸福。

事实上，离异状态也不全然都是缺憾和心酸。很多事情都是一把双刃剑，有利也有弊，而我更愿意看到"利"的那一面。

不管人生路途上发生什么事，勇敢接受它就行。说到底，人生本质上就是一场"自我成全"。能爱就勇敢去爱吧，能赢就奋力去赢吧，没有爱了那就坚强点儿吧，赢不了那就接受吧。人生除了死亡，没有什么真正的穷途末路。

03 该不该离婚，没有标准答案

我时常被问到一个问题："我到底该不该离婚呢？"

这个问题其实是没有标准答案的。你该不该离婚，只取决于你自己是否还有把那段婚姻经营下去的意愿，而意愿这事儿是没法去询问别人的。

一般来说，婚姻的五大方面主要是：性、经济、情感、家务、育儿。正常的婚姻能给人安全、便捷、易得的性；两个人合伙过日子，经济上可以发挥众筹功能，双方的支出都会变少；情感方面，好的婚姻确实能给彼此情感抚慰、心理支持；夫妻是最亲密的好朋友，有福一起享、有苦一起担；有孩子的好婚姻，夫妻俩通力合作，一起做家务和育儿。

一桩婚姻，到底要不要离，往往取决于"你自己拥有什么"以及"你在婚姻中能被满足什么"。比方说，有的女人自己有钱，自己也比较独立和能干，她在过去过的也都是丧偶式育儿的生活，而丈夫已经无法满足自己对性、对情感的需求，那她一定会离婚的。有的女人自己没钱，在经济等方面对丈夫依赖度大，而丈夫有时候在家务和育儿方面确实能搭把手，那么，哪怕丈夫出轨，没法再给自己提供性和情感价值，她们可能也不会选择离婚。

婚姻有时也是一种互利的合作。它的存续，取决于两个人日常相处过程中积累下来多少真感情，对方能否满足自己的核心需求。

每一桩婚姻中，当事人对伴侣的核心需求是不同的。有的人的核心需求是伴侣能给自己金钱、资源、地位、权势，因此，不管伴侣做出多少伤害自己的事情，他们都愿意承受，而且承受得心甘情愿。有的人对伴侣的核心需求不是对方在经济上、事业上、生活上给自己提供助力，而是"伴侣把我当成最好的朋友"。我就是后者。如果伴侣满足不了我的这一核心需求，反而欺我、瞒我、骗我，那么，不管他平时在人前做得多到位，我都会对他"一票否决"。

在我的前一段婚姻快"散架"的时候，也有很多人劝过我，对我说："我觉得他对你还可以呀，你就不能再给他一次机会吗？"我回答，他满足不了我的核心需求，那么，那些"花架子"

动作对我而言就毫无意义。对方提及前夫对我的好，也无非就是：新婚阶段，他能做到每天打电话叫我起床，每天帮我把牙膏挤好；婚后，在钱财方面，只要他有，从不对我吝啬；我孕期，他会帮我系鞋带，我腿抽筋了他会帮我按摩；一起出门，他从不让我提包、抱孩子……但是，这些事情，我都可以"自给自足"。他做了，我高兴；他不做，我也不会失落。但我的核心需求是什么？是在我踩着鬼门关生孩子的时刻，他不要缺席；是他平日里把我当成最好的朋友，有好事第一时间跟我分享，有坏事让我第一时间知晓，让我跟他一起承担。若是对方将我排除在家人圈、好友圈之外，凡事让我最后一个知道消息，那这样的婚姻对我而言还有什么意义？

现实生活中，每个人的"核心需求"是不一致的。我认为我那样的婚姻非离不可，必定就有人认为他那样的婚姻"还能凑合"。婚姻这事儿，本来也是"甲之蜜糖，乙之砒霜"。

每一对没有走散的夫妻，总有"还能在一起"的理由。婚姻就像一道门帘，外人看到的只是影影绰绰的轮廓，只有当事人才知晓那场婚姻的"平衡点"在哪里。外人的想法一点儿用也没有，当事人自己的感受才最大。

每对夫妻都有他们的相处方式，而这种方式未必为外人所熟知，也未必正确。你只看到一个丈夫在公众场合训斥妻子，却不知道也许他在遇到危险时，第一反应是保护妻子。你只看到一个妻子吐槽丈夫不爱做家务，却不知道也许这位丈夫在陪伴孩子时尽心尽力。你只看到一个女人原谅丈夫的出轨，却不知道她也只把丈夫当成了提款机……只要伴侣还能满足自己的核心需求，这样的关系一般都断不了。相反，若是对方在人前把妻子或丈夫这个角色做得尽善尽美，但实际上无法再满足对方的核心需求，这样的关系迟早会断。

婚姻如饮水，冷暖只能自知。更何况，婚姻并不只有冷暖两种色调，还有酸甜苦辣多重滋味，旁人不便多言。

简而言之，如果你的婚姻已经成了一个"恶性肿瘤"，我建议你手术切除。但如果你只有勇气进行保守治疗，那就算了。毕竟人生只有一次，希望每个人都能认真斟酌。

在"到底要不要离婚"的这个问题上，没必要反复去征询别人的意见，听别人讲他的经验、教训。最重要的，是要回到自己的内心，问问自己到底适合做什么、更看重什么，再做一个取舍。人生的答案不在别人那里，而是在你自己的心里、手里。

离婚不丢人，"死要面子活受罪"才丢人

01 离婚只是一个事件，不是一个耻辱

进入婚姻后，有些人过得很不幸福，但他们之中，有人离婚，有人没离。离婚的原因只有一个：当事人不想再过这种日子了。而不离婚的理由却有很多，有的人是为了孩子，有的人是为了经济利益、社会地位，有人是为了不降低生活品质，还有的人，是为了面子。

一位叫小娅的女网友就是"为了面子不离婚"大军中的一员。丈夫在她怀孕期间出轨并向她提出离婚，但她不同意。丈夫每个月都定期给孩子打钱，但经常不回家，常年在外跟第三者同居。小娅有房有车、有稳定的工作、有能让她过得比较体面的工作，离了丈夫也可以活得很好，可她就是不离婚。她给出的"不离婚"的理由让人啼笑皆非：在小地方，离婚是一件很大、很丢人的事。她怕给自己、给孩子、给父母丢人，怕被人嘲笑，怕离婚影响了自己的名声甚至工作，怕离婚让自己抬不起头。

一位男性朋友的情况也与小娅有点类似。他和妻子白手起家，开了一家做建材产品的小作坊。他负责供应端，带着几个工人生产建材。妻子则负责销售端，把自家生产的建材销售给客

户。夫妻俩在经济利益上是同一条线上的蚂蚱，但在生活上却是各忙各的。久而久之，两个人的婚姻也出了问题。

他的妻子在生意场上认识了各种各样的朋友，个个风度翩翩、能说会道。相比之下，自己这个只会带着工人做些工匠活儿的丈夫显得有些上不了台面。再后来，妻子果真出轨了，和一个有妇之夫。事情传到了他的耳朵里，他也生气，但思虑再三的结果是不离婚。

他选择不离婚，有多方面的原因：首先是出于经济利益的考虑。他生产的建材需要依赖妻子的销售才能产生最大的经济效益，现在要再让他去拓展市场的话，太难了。其次是因为孩子还小，他不想让孩子成长在一个所谓"不完整"的家庭里。再次是他觉得妻子出轨这事儿，说出去有损他的名声。最后是他打心眼儿里认为离婚是一件很丢人的事，传出去会让人笑话。在他的圈子里，他和妻子是珠联璧合的一对，也是旁人眼中的模范夫妻，是夫妻联手把事业做大、把家庭经营得蒸蒸日上的典范。他也担心，如果他离婚了，他生意场上那些合作伙伴会把他视为一个"不靠谱的人"。

这样一来，他和妻子在生意上还是合作伙伴，但在私底下却形同陌路。到了该两个人一起出面去谈生意或是在双方父母、亲友面前扮演恩爱夫妻的时候，他们又以鸾凤和鸣的面貌出现，演得好不辛苦。

像我这种离婚当天就公告全世界的人，当然无法理解这是一种怎样的拧巴状态。说到底，我和他们之间的观念差异只在于：

我认为离婚只是一个事件，不是一个耻辱。离婚的人并不低人一等，离了婚的夫妻不是势不两立的两个人，依然要对孩子尽到共同抚养的责任。如果双方都愿意，离婚后换一种方式和谐相处也未尝不可。

我当然能理解人们"为了面子不离婚"。如果所有人都把婚姻是否幸福视为"人到底靠不靠谱"的衡量标准，那么，离异人士会受歧视，无论男性还是女性都难逃有色眼镜的审视。很多人会觉得，一个男人没有稳定的"大后方"，没有养家糊口的压力，那他可能还没长大，可能做事不靠谱。职场上，似乎也是已婚男士更容易得到机会，而一直单身的男人会被视为"怪咖"。

可这明明是两回事。一个人在职场上表现如何，取决于他的敬业程度如何，不是取决于他是否离婚。职场和婚姻运行的是两套不同的底层逻辑，不该混为一谈。离婚，离开的只是一段婚姻关系而已，不意味着失败，更不意味着整个人因此而蒙羞或是人生因为离婚而有了污点。

离婚算是一件不幸的事，但不幸只是不幸而已，不是耻辱。离婚只是那段婚姻"病"了，就像一个的牙齿烂掉了一颗或是体内长了一个恶性肿瘤，只能用离婚这样"动手术"的方式把"龋齿"拔掉、把"肿瘤"割掉。动这样的手术，是为了让你拥有更健康的身体、更长久的寿命。

人们为什么不会因为拔掉口腔里的龋齿、割掉体内的恶性肿瘤而感到愤怒呢？因为我们都知道这是正确的选择。摆脱不好婚姻的原理也是一样的。我们何必要为了别人眼中的完整、靓丽的形象，任由一颗龋齿长在嘴里、任由一个肿瘤长在体内？如果别人因为你拔了颗牙齿、割掉一个肿瘤而羞辱你、嘲笑你，那你就让他们笑去吧，你刚好借此机会分辨出哪些人是朋友，哪些是对自己不怀好意的人。

日子不是过给别人看的，而是过给自己的。如果我们活到现在，依然无法确立自己的核心价值体系，依然要活在别人的价值评判标准里，会不会太累了？

02 离婚的人多了，是人们对低质量婚姻的容忍度变低了

近年来，离婚的人数确实逐渐增多，还有人认为这是"人心不古、社会道德沦丧的标志"，俨然我们这些离异人士都要为"社会道德沦丧"负起责任，可明明离婚只是当事人的一种选择，一种基本权力。

在思想落后的地区，还有很多人认为离婚是耻辱，谁被提离婚谁就是被"休"或被"甩"的一方，他们咽不下这口气，宁可一辈子跟对方在一段低质量的婚姻中耗着、拖着，也不愿意离婚。

以前的人很少选择离婚，是因为那时物质短缺，离婚对双方生活质量影响巨大，所以人们对"低质量婚姻"的容忍度比较高。

一个显而易见的事实是：人们可以通过婚姻，节省生活成本，实现抱团取暖。比如，两个月薪都是 4500 元的人，每人每个月的生活成本可能是 1500 元，但如果两人结婚了，住到一起去了，每人平摊下来的生活成本就可以降为人均 1000 元。两个

人的生活成本变低，生活质量上升，就可以合力给孩子提供好一点儿的条件。如果两人离婚了呢？双方的生活成本都会上升。经济条件好的人，离婚不会让他们"伤筋动骨"，也不会对其生活质量造成太大的影响，因此他们更有底气和勇气做出离婚的决定。而经济条件差的人相对来说"离不起婚"，他们和伴侣过着貌合神离的日子，一想到离婚后面临的生存问题，就宁愿"打碎牙齿和血吞"，跟伴侣凑合过下去。你看，离婚也是需要资本的。

所以，离婚的人变多，跟道德沦丧、人心不古有什么关系呢？"仓廪实而知礼节"，人们都是在吃饱穿暖后才会考虑婚姻质量，才不愿意在低质量婚姻中凑合。

当然，我的意思不是鼓励和讴歌离婚，只是想引导大家从另一个角度看待离婚。离婚不是丑事，而是应该被大众用平常心看待和接受的事。离婚只是个体摆脱痛苦或追求幸福的一种选择。既然是选择，它就应该被尊重。

03 不管离不离婚，都希望你有主动权、选择权

某个电视剧中有个桥段是：女主角知道男主角疑似精神出轨后，她并没有哭哭啼啼、千方百计试图讨好挽回，而是挽起袖子在农场创业，还做得热火朝天。当插足这段婚姻的第三者还在跟女主比"谁更配得上这个男人"时，女主已经在跟第三者比"谁更有实力能离开那个男人"了——这多飒啊。第三者的征途是男人，而女主角的征途已经是整个世界，两人早就不在一个层次上了。

　　我们倡导结了婚的女性也要独立和强大，当然不是奔着离婚去的，而是一旦婚姻发生变故，你还有选择权。换而言之，你可以忍，也可以不忍，多一个选择总比只能"一忍到底"要好。掌握人生的主动权，总比"被离婚"要好。

　　我曾经跟一个在糟糕婚姻中苦苦挣扎的女网友说："人生是很难的。既不吃苦又不受气的福气，是不存在的。你要么能吃苦，要么能受气，总得选一个。但是，我建议你选吃苦，因为吃苦是在走上坡路，而受气是在走下坡路。"

　　为什么我会有这种论断呢？且听我慢慢道来。

　　在糟糕婚姻中苦苦挣扎而没法离婚的女人，她们遭遇的很多困局，看起来是感情问题，实际上就是钱的问题。你选吃苦，去外面挣钱，那么，你的每一分付出、得到的每一分收益都可以产生复利效应。你在外头吃的苦，都是在为自己积攒"提升家庭地位和话语权"的实力和资本。你吃苦的每一天，都是在走上坡路。

　　可是，如果你害怕吃苦而选了受气，那你在家里受的气越多，别人越是不把你当回事，你的家庭地位也就越低下。你受气的每一天，都是在走下坡路。

　　上坡路当然难走啊，需要你付出实实在在的汗水和努力，而下坡路只需要把尊严和姿态放低一点儿、再放低一点儿就好了。可长此以往，你就是在作茧自缚。

　　每一条捷径的尽头，可能都是深坑。作为女性，我们一定要往上走，坚定不移地走上坡路。女人当独立自强，这是正确的、让你终身受益的、唯一的出路。

这年头，对于很多女性来说，离婚或是一直保持单身，都不算是一件大事了。我身边甚至有一些女性主动选择独身，因为担心失败的婚姻会断送她们的前程。毕竟，如果你遇上一个不合适的人，婚姻可能反而成为你的沼泽地，不把自己搞得伤筋动骨就很难抽离。

有的女性选择单身，也不是要拒绝男人，拒绝真爱，她们只是想过一种充实的、平等的、不被婚姻和孩子牵绊的生活。如今社会分工高度发达，人与人之间无须绑定在一起生活也能过得很好。就拿一线城市的女性来说，家里需要搬抬重物、换灯泡、修空调，打个电话就有人来帮你修理。你有自己的社交圈，孤独寂寞时也能找到人聊天……传统的婚姻对一些女性而言不再是必经之路，不再是必需品。离婚也成为一个可以被理解和接受、没什么值得大惊小怪的事件。

分手也可以很快乐，离婚也可以值得恭喜，毕竟"挥别错的，才能和对的相逢"，毕竟都是为了"逃离不好的生活，过上更好的生活"，而通往快乐、自由、幸福的路不是只有一条。

04 父母不必因为儿女离婚而感到丢人，
儿女也不必因为父母离婚而感到羞耻

有些时候，离婚当事人自己可能不觉得羞耻，但架不住身边的人替他们觉得羞耻。

有一位女网友，她跟婆婆相处得水火不容，而她老公每一次都会无条件地站在婆婆那边。她觉得这样生活下去太累，多次想结束这段婚姻关系。她父母一直知道她婚后过得并不幸福，知道她深受婆媳关系的困扰和折磨，但他们给她的建议是："谁家的婚姻不是凑合着过的？等媳妇熬成婆，你的好日子就来了。"起初，她也选择忍耐，后来还是忍耐不下去，离婚了，带着孩子搬出去住，可她刚把离婚事实通知了父母，她父母就觉得天塌了，她妈妈甚至气到住院。

从小，她的父母都以她为傲。她考上了邻居眼里的"好"大学，找到了体制内的"好"工作，嫁了一个千里挑一的"好"丈夫，父母也觉得脸上有光。现在，她居然离婚了，成了一个单亲妈妈，她的父母觉得自己在亲戚朋友面前抬不起头来，出去都没脸见人了。

因为没法接受女儿离婚，这对父母不让她回老家探亲。每逢有人问起，他们就说女儿和女婿工作特别忙，大年夜都要值班，没办法回老家过年过节。他们不敢说实话，是因为担心被人笑话。我相信这样的父母不是孤例。很多父母把离婚视为耻辱，也把子女离婚视为自己的耻辱。

可是，恕我直言，这样的观念有点陈腐。婚姻是子女的，也是子女自己在负责经营的，这段婚姻散伙了关父母什么事呢？子女是子女，父母是父母，每个人都是独立的个体，每个人都只能对自己的人生负责，每个人的荣耀和失败都只属于自己，旁人最多能"为你高兴"或"为你难过"，何必产生"你的成功就是我的成功，你的失败就是我的失败"这样的代入感呢？

父母、子女或其他与我们关系密切的人，他们成为受人景仰或千夫所指的人，固然可以成为我们的谈资，但最重要的是，我们自己要成为让自己骄傲的人，而不是拿别人的成就给自己脸上贴金、拿别人的污点矮化自己的人格。成年人的人生都只是自己的，得到的评价也都是自己"挣"来的。只有把自己的人生捆绑在他人身上、把自己的期待全放到他人身上的人，才会觉得他人的言行会让自己"蒙羞"。

同样，父母离婚了，儿女也不必为此感到丢人。父母离婚是父母之间的感情出了问题，这与你无关，你无须为父母的婚姻负责。父母的婚姻是他们的，你是他们结合的产物但不是他们婚姻的产物。他们的婚姻没了，但你和他们还在，你和他们之间的关系也还在。如果父母在工作岗位上被领导训了一顿，你不会为父母感到羞耻，因为你非常清楚，那是父母自己的事情。同理，虽然父母离婚影响了你，但你也不应该觉得这是一件多么丢人的事。

"你让我蒙羞"这种思维，说到底还是因为界限不清。不管两个人是父母、子女、校友、老乡、同事还是别的什么关系，我是我、你是你，我做出何种言行是我的事，承担后果的人也是我自己，我怎么就能让你蒙羞了呢？

我和另外一个人只是产生了一种"人际关系"，但我们依然只是"身处这段关系中的自己"。不是因为我们成了别人的某某，我们就跟对方融为了一体。

还有些人居然认为伴侣出轨会导致自己失了自尊，我完全没法认同这种思维。伴侣出轨是对方做了一件丑事，自己为何要觉得自尊受损呢？伴侣是伴侣，自己是自己，两个人即使已经结婚，也各有各的人格，各自要为自己的名誉负责。

持"被出轨很丢人"观点的人，往往是预设了一个大前提：自己会被出轨，一定是因为自己魅力不够，吸引不了伴侣。可是，一个人有没有魅力，难道是他的伴侣说了算的吗？难道伴侣之间的关系是"考生和阅卷人"或"皇帝和秀女"吗？为什么非得把鉴定"自己到底有没有魅力"的权力让渡给伴侣呢？一个有伴侣的人出轨，只能说明他对自我的要求不高。即使伴侣没有魅力，这也不可以成为一个人出轨的借口，因为他还有另外一个选择：离开伴侣，去找他认为真正有魅力的异性。出轨的伴侣，违反的是婚姻契约，背叛的是自己对婚姻的忠贞承诺。该觉得丢脸的是出轨的人，怎么会是婚姻中的守约方呢？

拎得清的人，往往能分清哪些事情是自己的、哪些事情是别人的。做好自己的事，少管别人的事，才能潇洒自如。

05 人生都有缺憾，重要的是忠于自己

为何离婚会成为一些人眼中"丢人的事"呢？可能是因为那些人从骨子里就没法接受缺憾。

他们推崇一种"人生赢家式"的理想：所谓"人生赢家"，也就是在主流世俗价值观体系里，人生的各个方面都体现出很高的幸福感和生活质量的人。说来说去，其本质就是"高人一等"。你得事业有成、儿孙有出息、婚姻幸福、父慈子孝，你还得颜值高、身材妙、名气大、口碑好……那些人实际上只认可人生赢家

式的成功，一旦达不到，失意者不仅要承受失意，还要承受人们对失意者的嘲笑。于是，有多少人宁肯打肿脸充胖子、打碎牙齿和血吞，也要维持表面风光。

婚姻作为人生中比较重要的一个部分，定然也会被赋予"不散伙"的期待。一旦哪对夫妻散伙了，立马就能引发他们的交际圈子里的一场小地震。比如，我有个朋友跟老婆离婚六年了，到现在两人还尚未向外界公开，就是怕流言蜚语。他说他很羡慕我，敢把自己是农村出身还离婚了这种事情向全世界昭告。

我反问他："这很难吗？我根本不觉得农村出身、离异身份可以成为被人嘲笑的理由。除非你认同这套价值观，并且骨子里也觉得农村出身、离婚的人就矮人一等。失意是人生的一部分，就像死亡是人生的一部分一样。接受不了这一点的，都死要面子活受罪。"

在那些人眼中，一个人的婚姻散架了，他就好像被钉上了耻辱柱。可是，这套评判标准是有问题的。如果你也认同"离婚很丢人"这种价值观，相当于是把别人为你打造的枷锁，主动戴到自己的脖子上。

真正的"人生赢家"是什么？是享有自主决定自己人生的自由，并能承担这种选择的代价；是"不想结婚就不结婚"，而不是"到了一定年纪还不结婚就是失败"；是"过得不幸福就可以选择离婚"，而不是"只有维持婚姻才是正确的人生，离婚就低人一等"；是在法律和公序良俗框架内，即使很多人都觉得你的决定不对、不行时，你也可以无视他们的意见。

我二十来岁的时候，有时候也蛮迷茫的，总把别人的人生当成参照物，想模仿别人的生活，所以，很容易拿别人的价值观尺度去衡量自己。那时候，我也觉得离婚是一件丢人的事，想获得世俗标准里的圆满和成功，也比较在乎外人的看法。可到了现在这年纪，我只活在自己的价值观体系里了。

换而言之，我开始"向内行走"，活得越来越自洽、自适、笃定，而不是成天拿着别人的价值标尺丈量自己。只要是我感兴趣的、热爱的、能全权自主的、能感受到自由的，哪怕别人不屑一顾、视为粪土，对我来说也是"最好的"。

所谓"随心所欲，不逾矩"，便是我向往的一种生活状态。"不逾矩"指的是遵守最基本的道德规范，"随心所欲"指的是忠实于自己的内心。"人生意义"最核心的部分不在于自己拥有多舒适的物质条件，而在于是否足够自主、自由。

有个词叫"主观能动性"，它有两方面的含义：一是人们能主动地认识客观世界；二是人在意识的指导下能主动地改造客观世界。

很多人其实并不具备这种"主观能动性"，他们要么没法忠于自己、活成了别人的工具和傀儡，要么行动疲软，想得多但做得少。

可是，你们去看很多优秀的人的故事，就会发现他们有很多共同特点：有超强自主性、超强行动力，能对自我负起全责，甚至能为别人负责。为什么这样的人优秀、成功？因为自主的人生内耗最小，自由的生命更容易酿造幸福。

　　最后，我把乔布斯说过的这段话送给你——你的时间有限，不要把它浪费在模仿别人的生活上，不要受教条的束缚，不要活在别人的想法里，不要让他人的想法左右你的内心。最重要的是，勇敢地追随自己的内心和直觉，它们在某种程度上已经知道你真正想要成为什么。其他一切都是次要的。

离婚不伤孩子，是不称职的父母伤了孩子

01 离婚没错，是某些"离婚的人"伤害了孩子

现实生活中，确实有很多人因为父母离婚，自己的人生受到了重大的、不良的影响。于是，大家得出了一个结论：离婚很伤害孩子。

但我认为，离婚本身不伤害孩子，是一些离婚的人处理离婚的不当方式伤了孩子。伤孩子的，是人，不是离婚。

很多人反驳道："谁说离婚对孩子没伤害了？我父母离婚后，我爸就再也没管过我，我妈也对我不好……"但这些人显然忽略了一个问题——他们的父母即使不离婚，可能也不是称职的父母，也无法给孩子一个幸福的家。

离婚割裂的只是夫妻关系，不是亲子关系。

那些离婚后就对孩子不管不顾的父亲或母亲，他们是对离婚这事儿的认知出了问题。他们把孩子视为婚姻的"衍生品"、父母某一方的"附属品"，跟伴侣割裂了情感关系，就把孩子也当成"垃圾"丢了出去。

可事实上，孩子何其无辜？

很多人根本搞不清楚事情的本质是人的问题，还是离婚的

问题。

离婚本应只解除夫妻关系，但一些人却错误地将离婚这件事从夫妻关系延伸到了亲子关系。有的人推卸了自己本该承担的养育责任；有的人因为对曾经的伴侣心怀怨恨而阻止孩子与对方见面，加重了离婚对孩子的影响……但是，这些问题的核心都在于当事人错误的做法，而不在于离婚这件事本身。

从某种程度上来说，拒绝面对事情的真相，臆想出一种"如果不是这样，就一定会那样"的美好生活，并沉浸其中无法自拔，是一种逃避心理。如果我们直面真相，就会发现，问题真正的根源在于人——有些人即使不离婚也不是合格的父母。

也有网友说："离婚的一个坏处就是分财产吧？如果父母都不再婚，后面财产就都会留给这个孩子，但是一旦其中一位再婚，尤其是男方，二婚的妻子必定会分走财产的。"

乍一听，"离婚"似乎是伤害了孩子。但是仔细来看，这位网友举的例子中，伤害孩子的依然是具体的"人"，而不是离婚这件事本身。离婚解除的只是夫妻关系，财产关系发生变化只是它的一个后果，而且这些变化到底会变成什么样子，只取决于离婚双方是怎么样的人，不取决于离婚本身。

我身边也有一些女性朋友，她们离婚后把自己打拼来的家产全部留给了和前夫一起长大的孩子。可见，离婚后如何分配自己的财产，如何降低孩子的损失，这完全是由家长自由决定的，而不是因为离婚而被迫执行的。问题的重点依然是"人"。

还有个网友说："如果有一天，我爸爸再婚了，妈妈也再婚了，他们又各自都有了孩子，冷落了我……站在孩子的角度考虑，是我的话会难过。这就是离婚给孩子带来的伤害。"

说真的，这种情况是很有可能发生的，或者说，已经在现实生活中大量发生了。可是，"有了跟新人生的孩子就忘记关照跟旧人生养的孩子"或"有了其他的孩子，就不爱自己原本的孩子"，这样的父母，即便他们不离婚，又对孩子能有多深的爱呢？

也就是说，"不离婚的话，孩子会更幸福"实在只是一厢情愿的想象。

我只能感慨：那些人对形式的执念太深厚了，以至于忘记了在很多事情上最关键的问题不在形式，而是在人。

如果孩子的父母能够"文明"离婚呢？如果他们不会因为离了婚就对和前任生的孩子漠不关心呢？就像情景剧《家有儿女》一样，如果一个孩子有两对爱他的爸爸妈妈，难道不是更幸福吗？

事实上，重要的不是孩子跟谁在一起，而是孩子遇到的是怎样的父母。"不爱孩子"的这个"锅"让"离婚"来背，实在是有些冤枉。

现实生活中，也有很多单亲家庭的孩子备受歧视。比如曾经有网友跟我说："单亲家庭的孩子普遍敏感、偏激、缺乏责任感，他们会用一些非常偏激的词汇攻击别人。"

这样说就有些太以偏概全了。许多有所成就的人也是单亲家庭的孩子，孩子的性格与许多其他因素有关，大可不必与是否单亲进行绑定。而非单亲家庭的孩子，如果家长不好好引导，没有提供一个充满爱的环境，也有可能形成敏感、偏激的性格。

另外，很多单亲家庭长大的孩子，也习惯把自己被歧视这事儿赖给"父母离婚"。某一次被别人嘲笑是"没爸或没妈的孩子"后，他们就抬不起头来，就认为这一切都是"父母离婚"惹的祸。可是，我还是希望那些孩子能明白一件事情：被人嘲笑并不是你的错，而是嘲笑你的那些人的错。

如果有人因为你的一个不可改变的特质而公开嘲笑你，而这个特质完全不是你的错——比如天生个子不高，那么你认为是自己真的有问题，还是那个嘲笑你的人有问题呢？你是不是会觉得是他不懂得尊重人、素质低？

同理，我们也应该培养孩子建立自己的价值观，勇敢面对他人对"父母离异"的质疑。帮助孩子拒绝屈从于他人的价值观，摆脱受害者心态，掌握自己的话语权和评判权。

我女儿从来没有因为父母离异而自卑过，但这并不意味着生活中没有嘲笑她的人。只是因为她在这方面的心态很稳，她根本没有把那些话当回事。所有嘲笑你的话，只有你自己把它当回事了，它才会伤到你。

我一直倡导大家要活出自己的"攻击性"——请注意，这里的"攻击性"的意思不是侵略性，就是因为我发现太多人活得太"收着"了。被人嘲笑了长相就不敢再发照片到社交平台，甚至还会劝别人不要发照片；被人嘲笑过父母离婚，自己就不敢离婚，或者劝别人不要离婚……这样是最不可行的。

虽然有人说"父母不离婚"让孩子多承受了痛苦，可现实生活中，一些不离婚的父母也会带给孩子很多的伤害。我的一个女性朋友从小成长在父母每天吵架、打架但绝不离婚的环境中，父母只沉溺于自己的情绪，她根本没有"被父母看见"的机会，整个童年过得郁郁寡欢，很多年后她依然无法跟父母亲近。她无数次表达过对单亲家庭那种"清净"氛围的羡慕。

作为父母，我们是否离婚是自己与伴侣之间的事情，在孩子的教育方面，我们更需要关注的是自己作为父母是否称职。至于离婚可能给孩子带来"被嘲笑"的影响，我们应该摆正心态，从帮助孩子建立正确的认知入手，这样对孩子才是最有益的。

02 用更成熟、更文明的方式对待离婚

没有哪位女性是奔着"要当单亲妈妈"这个目标去结婚生子的，只是因为这样那样的原因，美梦破碎了，她被动接受了这个结果。而任何一个美梦破碎，都会有心碎的声音。

所以，从个人情感角度来说，面对一个曾经狠狠伤过我的前夫，我当然是希望能跟他"老死不相往来"的。但有了孩子，却由不得我这么任性了。对孩子来说，父亲的照顾和爱肯定是多多益善。

离婚改变不了前夫是孩子父亲这个事实。不管我多么爱孩子，母爱终究不能代替父爱。如果孩子的父亲愿意爱她，却因为我的自私、独占欲、狭隘让孩子无法坦然接受这份爱，那是我这个做母亲的不合格。前夫曾经伤害过我，从我个人的角度来看，

他是可恨的，但我不想恨他，更不想让孩子反感他。从个人情感上，我和他已经"切割"开了。对这个人，我不会再产生爱情，过去发生的那些爱恨情仇也不会再让我萦怀。可因为孩子的关系，我不能完全和他"切割"。离婚后，我必须要放下过往的一切恩怨，把他当成"孩子爸爸"，一个"离异父亲"，甚至是一个全新的人。当你的期待降到够低，当你对过往能够释怀，自然就不会因为他曾经做过什么事而认为"现在的他"不值得、不配得到我的尊重。

父母离婚对于一个孩子来说，无疑是一次重大的生活变故。虽然离婚会给孩子带来一些心理冲击，但孩子能不能健康成长并非取决于父母是否仍然在一起，而更多地取决于父母对离婚的应对方式，以及能给孩子多少心理应援和各方面的支持。

离婚父母也可以通过正确的沟通和合作，帮助孩子建立起安全感和归属感，帮助孩子培养起健全、健康的人格，促进他们的快乐成长。离婚这个变故，如果父母处理得当，还能帮助孩子增强内在的韧性、适应性，以及处理复杂的情感和人际关系的灵活性。父母在面对离婚这种人生变故时的积极态度，还可以给孩子树立积极的榜样，帮助他们培养积极的人生观和解决问题的能力。

不知道大家有没有了解过美国前总统奥巴马的妈妈，安的故事。她也是一个离异母亲，奥巴马谈起自己的妈妈时，总说"我认为，她是我所知道的最仁慈、拥有最高尚灵魂的人，我身上最好的东西都要归功于她"。

看起来，安有很多理由对前夫愤怒，因为从各个方面来说，奥巴马的父亲都是个非常糟糕的丈夫。但是，安每次和奥巴马谈起他的父亲，总是说他有才华、幽默、擅长乐器，还有一副好嗓子。她会跟儿子分享自己当初是怎么爱上他爸的，他爸有什么优点和特长。她会聪明地跟奥巴马解释父母的离婚：他们三人有三个关系——爸爸和妈妈的关系、爸爸和儿子的关系、妈妈和儿子的关系，现在结束的只是爸爸和妈妈的关系，爸爸妈妈还是会爱他。

奥巴马小的时候，曾经因为肤色问题遭受歧视。安知道后，便开始引导奥巴马，她给奥巴马讲黑人当中优秀人物的故事，鼓励他不要因为自己是黑人感到自卑，人虽然有不同的肤色，但本质上都是一样的，人生来是平等的。

安的做法值得很多家长学习，离婚后不向孩子灌输对他父亲的仇恨，能极大减轻父母离婚给孩子带来的心理冲击，鼓励孩子接纳自己的出身、豁达地看待人生中遇到的挫折，那么，孩子的内心不仅不会感受到割裂、撕扯，还可以学会在糟糕的情形下看到积极的一面。

无数案例证明，离婚这件事本身不伤孩子，真正伤害孩子的，是不成熟、不称职的父母。这类父母，即使不离婚，也没法给孩子创造一个稳定、健康的成长环境的。

所以，人的问题，就别让离婚"背锅"了。

隐离，也许对孩子伤害更大

01 "隐离"是一场略显荒唐的游戏

对大多数人来说，离婚便是和另一个人在法律上、情感上、财产上、责任义务上割裂了关系，两人从此成为毫不相关的两个个体。若是还有个孩子在，那么双方依旧是"养娃合伙人"；若是没了这层关系，恐怕也从此再无交集、各安天涯了。但是，现实生活中，"隐离""离婚不离家"的现象也越来越多了。

什么是"隐离""离婚不离家"？说白了便是：两个人在法律上已经办妥了离婚手续，在心理上也早就不把对方当配偶看待，但因为这样那样的原因，他们不跟外人坦白自己已离婚的事实，甚至还像从前一般住在一起。更有甚者，两个人还住同一个房间、睡同一张床，在孩子、双方的父母甚至亲戚朋友面前扮演恩爱夫妻。

"离婚不离家"的原因有很多，有人是一时冲动离了婚，但离婚后暂时还不习惯"没有对方在"的生活。这种离婚，很多时候就像"过家家"一样，等双方气消了或发生一些让他们彼此都感到"还是对方好"的事情，两个人大抵还是会复婚的。这种把"离婚"当"吵架"使的情况，不属于本文讨论的范围之列。

两个人走到离婚这一步，大多是之前已经闹得不可开交，这婚非离不可了。那些选择"离婚不离家"的夫妻，往往是受现实所限。

比如说，离了婚之后，一方没条件搬去比现在住的房子条件更好的地方，因此，为了这点"利好"，他选择了妥协。在这种情况下，夫妻关系已经变成了合住关系、合租关系。相比其他人，他们或许觉得，生活习惯跟自己磨合得差不多的前夫或前妻，更适合做自己的室友。

还有一种情况是两个人离婚之后，还有在人前"秀恩爱"的需求。有人是"为了孩子"，有人是"为了父母"，有人则是"为了名声"。

我认识的一对离婚男女，离婚三年了，还住在同一个屋檐下，不让女儿知道他们俩离婚了。两人选择"离婚不离家"的原因有两个：其一，担心女儿和双方父母知道他们离婚了，心理上承受不住。当然，这只是他们假想出来的后果，不一定会成为事实。其二，夫妻俩都是从同一个小县城里出来的，两家又是旧识，结婚几年一直是所有人眼中的"模范夫妻"，现在若是公布两人已离婚，他们担心流言蜚语。

两人的出发点是好的，他们不想让父母担心，想给孩子一个良好的成长环境，家人也不必承受外界流言蜚语的压力。但孩子不是傻瓜，一旦发现父母的"骗局"，孩子会产生四重心理压力：

一是被欺骗感。当孩子知道父母假和谐、实离婚的事实后，一定会感觉到一种被欺骗感，他的内心势必会觉得愤怒。如果这种愤怒情绪无法得到合理疏导，可能会造成新的心理问题。

二是不被信任感。父母的闪烁其词、心不在焉，很容易让孩子感觉到自己不被父母信任，从而在内心深处与父母产生隔阂。

三是沮丧感。父母隐瞒离婚，可能会让孩子认为自己是父母离婚的主要原因，从而产生沮丧感和负罪感。

四是羞耻感。父母自己都无法坦然地面对离婚这件事，可能会让孩子也认为"离婚是一件耻辱的事"，导致孩子更无法用健康和坦然的心态去面对"父母离婚"这件事。

综上所述，我觉得这种"隐离"只是大人们打着"为孩子好""为父母好"等名号所进行的一场自以为是的游戏，所起到的作用仅仅是自我感动。看起来特别无私、特别崇高，实质上既荒唐又幼稚。

家庭本该是人们诚实、放松地"做自己"的地方，却成了各自发挥演技的"剧场"。这样的大人给孩子当的是自欺欺人的"榜样"，给孩子起到的"示范作用"就是：遇事遮遮掩掩，待人待己都不真诚，做人也不敞亮。

我女儿从会说话开始，就可以大大方方地跟小伙伴说"我爸妈离婚了""我爸对我挺好的，但以前对我妈不太好"。她从来不会觉得自己特殊、低人一等，从来只觉得"父母离婚跟我没关系，我只需要关注我爸对我好不好、我妈对我好不好"。对她来说，同学抢了她心爱的橡皮擦，远比"父母离婚了"这件事更重大。毕竟，"父母离婚了"对她来说只是一个生活背景，而"同学抢了她心爱的橡皮擦"才是真正会影响到她利益的事。

所以，如果孩子觉得父母离婚是件很大的事，那一定是父母觉得它是件很大的事，并且在孩子身上投射了自己的偏见和恐惧，让孩子也有了这种毫无必要的心理负荷。而父母向孩子隐瞒离婚事实，选择"离婚不离家"等，显然加重了这种偏见，加重了孩子的精神负担，这显然是不可取的。

02 活得敞亮点，才能不累

不管是"隐离"还是"离婚不离家"，都是当事人权衡利弊后的选择，也是当事人的选择自由，本无可厚非。但是，我们不难发现一个问题：现实生活中那些"隐离""离婚不离家"的男女，最后大多没能把这种模式进行到底。

日子是自己在过，但他们却把自己活成了别人生活里的"道具"。他们在乎这个，在乎那个，唯独不在乎自己内心的感受。自欺，也欺人。

说到底，"离婚不离家"只是一个暂时的缓冲地带，它无法成为终点。这些选择"离婚不离家"的人，远远低估了这种生活模式给自己带来的痛苦。确切地说，他们高估了自己对这种生活模式的承受力，高估了对方的包容度。

大家真的别小看"仪式感"的力量。人是环境的产物，不管我们怎么强调"出淤泥而不染"，也改变不了"蓬生麻中，不扶而直；白沙在涅，与之俱黑"的客观规律。我们相信人有内在的生长力，有"任尔东西南北风"的动力，但大多数人都是普通人，都有可能遭遇"树欲静而风不止"的情况。低估环境对一个人的塑造力，从某种程度上也是"自大"的表现。

如果一对已经离异的夫妻没有在物理空间上实现隔离，那么他们就很容易被对方的言行、情绪干扰。我们平日里若是遇上个处处让自己感觉到不爽的朋友，都想减少接触，更何况是已经离异的夫妻？两个人离婚，大多是因为横竖看不惯对方或被对方狠狠伤害过。你和这样一个人朝夕相对，如何能保证自己的情绪不受影响？

我的一位男性朋友，他有段时间过的也是"离婚不离家"的生活。夫妻两人办离婚手续时，房子和孩子都给了他，前妻说自己离婚后暂时没有地方住，要求继续住在家里一段时间。他想着孩子也需要跟母亲多接触，心一软，就答应了。

就这样，两人在同一个屋檐下住了好几个月。两人看似是各过各的，可是围绕着养育孩子以及对房子各空间的使用问题，两个人还是会有沟通，即便如此，两人原本就存在的价值观、性格冲突还是无法调和。

而且两个人住在一起，非常耽误彼此开启新生活。这位男性朋友也会去相亲，但每次女方一听说他还跟前妻住在一起，就直接拒绝了。谁愿意跟这样"与前任纠缠不清的人"产生情感联系呢？现代人那么忙，大家都怕麻烦。

我的一个女性朋友离婚后，也是过上了"离婚不离家"的生活。她的前夫是彻底"自由"了，成天在外面打麻将、夜不归宿。她虽然知道自己已经跟他没有了任何关系，但每次看前夫夜不归宿或晚归，她心里还是无法平静。那些他曾经给过她的伤害，又重新浮现在脑海，让她久久无法释怀。

至于一些人跟前妻或前夫住着住着就变"床伴"的案例，更是层出不穷。但这种生活模式只会推迟你真正走出离婚影响的时间。在这种关系中沉沦，你丧失的是宝贵的痊愈时间、机会成本。

什么"隐离"，什么"离婚不离家"……倡导这些理念的人真是把家庭也当成演戏的舞台了。这样貌合神离、擅长演戏和妥协的父母，能给孩子带来怎样的婚姻观、家庭观呢？

很多时候，"离婚不离家"的人缺的不是那个"凑合着住"的空间，而是缺乏直面真实和困难、与过去彻底决裂的勇气。我尊重别人的选择，但更崇尚这样一种人生态度：遇上对的人，就好好跟他在一起，别"作"，别糟蹋，好好经营，给孩子做个好榜样。遇上错的人，非离婚不可，那就好好分开，好好善后。不必用谎言和伪装来编织、掩饰自己的生活，该怎样就怎样。

活得简单点儿、敞亮点儿，不累。

婚姻最怕"过不好也离不了"

01 各式各样"拖着不离婚"的理由

我收到过这样一条求助私信：

"羊羊，你好。我和我老公结婚十年，有两个孩子，大的八岁，小的一岁。当初因为我的'恋爱脑'，我不顾家人的反对跟他结婚了，这些年我们之间的问题也渐渐凸显且越来越严重。

"我们常年异地分居，我和他三观渐渐不合，没有共同的话题、兴趣爱好、人生目标，等等，我们各方面都不协调。而且我和他无法沟通，因为他从来不觉得自己有问题。

"他爱打游戏，不分担家务，从来没有做过饭，而且是个甩手掌柜，两个孩子也都是我和我妈带。最严重的是，我今年无意看了他手机，发现他去嫖娼了，不止一次，嫖娼对象不止一个，甚至还让我感染了 HPV（Human Papilloma Virus，人乳头瘤病毒）。

"我对他已经失望透顶，早没有了感情，可是担心离婚后孩子会缺父爱，因为我大概率也不会想再婚。还有，我家人都很喜欢他，他能说会道，也能给我爸在生活和事业上提供帮助。

"我想离婚，但是觉得离婚太麻烦了。考虑到经济问题、父母孩子，我又止步不前，请问我该如何决定呢？"

还有这样的求助信：

"羊羊姐，睡了吗？我想问您一个问题。从二月份到现在，我发现他'精神出轨'已经快一年了。这期间，我的感受跟你的离婚小说系列里写的差不多，从最初的'十级心痛'到现在的隐痛，痛苦还会见缝插针地袭来，我就会崩溃而哭。我不想离婚，就是想问下您：这种痛还要多久才能过去，又会持续到什么时候呢？因为真的有点快支撑不住了。"

类似这种私信，我每天都收到很多。我肯定是想劝离的，但她们的问题是：离了之后，她们可能过得更加不好，而且她们大多缺乏绝地反击的能力。

我很想跟她们说：你的痛苦是长在你自己身上的，问我是没用的。人和人不同，事和事也不同。遇到这种事，解决方法是要么忍、要么离。既不想离又不想忍，只是寻求"痛苦何时过去"的答案，那痛苦就会持续很久，只有在你真正做到"忍"或"离"那一刻，这种痛苦才能真正减轻。

还有一些网友，在婚姻中过得并不幸福，但思前想后，最后还是"懒得离婚"。

比如，我曾经遇到一个家庭主妇，自述她老公年收入 100 万元，虽然老公一直出轨不断，但她"才不离呢，谁离谁傻"。她说她要是离了，也找不到收入更高的男人了，倒是便宜了别的女人。为了钱，她也不能跟老公离。

我问她："你老公能给你多少钱？"

她回答："一个月给一万元家用吧。"

我说："是单独给你的部分，不是家用。"

她说："那一万花家里、花孩子身上以后，我自己也不剩多少了，估计每个月就能攒下来一两千？"

随后我又了解到，房子车子都是她丈夫婚前买的，而婚后购置的房产则登记在她公公的名下。

我没再问了。

我发现，以上这类女性在择偶时秉持的就是"嫁汉嫁汉，穿衣吃饭"的价值观，婚后总有一个思想误区："丈夫有＝我也有"。可是，虽然法律划定了夫妻共同财产的范围，但如果你不离婚，丈夫拥有的，往往也是归丈夫支配的，妻子对这部分财产根本没有支配权。

还有一些女性，表面上嫁的是丈夫，实际上嫁的是公婆——因为公婆的经济条件好，能给丈夫很多资源。她们甚至都不看自己到底爱不爱那个男人，只看那个男人是不是公婆的独生子，可她们似乎根本意识不到："婆家有≠我丈夫有≠我迟早会有"。

她们真正在乎的，可能是一种类似于空中楼阁的"期待权"，或是一种心理上的安慰。即，"我老公有钱＝我有钱。我老公的钱给了我的孩子，我孩子有钱＝我有钱。"

"百鸟在林"不如"一鸟在手"，"期待权"还是太虚无缥缈了。但是，我还是理解上面那位主妇的选择，毕竟，对很多人来说，每个月赚一万元确实很难。现在她至少还有住的地方，还有人供吃穿，还有稳定的钱可以花（虽然少）。真要是离婚了，她的处境可能会比现在麻烦。

还有一类人，是担心离婚后孩子能否得到丈夫给的资源。比如下面这条私信：

"我老公出轨后，几乎从来不管家，但我不能跟他离婚，因为离了以后孩子就得不到父爱了，他也不会给孩子应有的资源了。"

本质上，这还是"为了孩子不离婚"。

女人忍着、拖着不离，就认定对家庭、孩子不负责任的男人会给孩子更好的资源和爱……这其实是典型的臆想。

第一，真对孩子好的男人，离不离婚都会对孩子好。第二，对孩子不好的男人，不离也对孩子不好。离婚后对孩子不好的人，在婚姻存续状态下可能就没太把孩子放心上。第三，即使真有"不离婚就对孩子好，离婚了就对孩子不好"的男人，那他也是一个不负责任的父亲，因为他分不清楚夫妻关系和亲子关系，只把孩子当这场婚姻的"人质"，你很难指望他能给孩子什么资源和爱。

综上所述，"只要不离婚，丈夫就不会不给孩子爱和资源"的观点，只是一种侥幸心理的体现。

站在孩子的角度想一想，孩子需要这种不健康的关系吗？你的委曲求全，最终能换取到好的资源和爱吗？人生不是靠"臆想"去赢得胜利的，而是靠实际行动。在离不离婚的问题上，不是说你臆想一下可能出现的美妙蓝图，这个蓝图就是真的了。在强弱悬殊巨大的婚姻中，委曲求全是没用的，这无异于"与虎谋皮"。能得到的利益没多少，但代价却很沉重。比如，有人在心理层面长期无法自洽，情绪出了问题甚至得了癌症；有的人忍耐几年后，最后还是会被丈夫提离婚。

相比那点"食之无味，弃之可惜"的利益，我们应该要把有限的、可贵的精气神儿用在"刀刃"上。时间久了，这种选择真的会让你为自己创造出更大的利益，你再也不需要被动地等别人施舍。等你拥有了属于自己的财富，就不会再在乎别人给你的那一点点恩惠。

02 女性该离婚但拖着不离婚，跟结构性困境有关

"该离婚但拖着不离婚"这个话题，说起来其实是有些沉重的。

这跟女性的结构性困境有关。

如果贫困女性的收入得不到提高，她们在原生家庭中享受不到与男性同等的关爱，在社会上享受不到与男性同等的对待，那么这种"该离却拖着不离"的情况就只会层出不穷。如果你到农村走一遭，就更能理解这一点。

农村妇女的婚前财产权，理应包括农村妇女在婚前与父母和兄弟共同创造的家庭财产中应该享有的份额，而不仅仅指婚前嫁妆。但现实生活中，却有许多人无法拥有这些权利。部分结婚时间短的妇女在离婚后，回到娘家还会被娘家人嫌弃，甚至不让其在家居住。

这些女性一旦嫁了人，就失去了在原生家庭中的一切权利。如果她们婚姻幸福，能融入婆家并一直不被排异的话，就还能有

个善终。如果她们婚姻不幸，在婆家待不下去，回娘家又会被娘家人排挤，还不如继续回到糟糕的婚姻里继续受气……这才是她们"该离但拖着不离婚"的核心原因。

我一个朋友的姐姐是一个农村妇女，她丈夫是个建筑工人，每个月赚不了多少钱，在家里是个甩手掌柜，但还是出轨了。这位姐姐第一反应就是选择原谅，只需要丈夫每个月交点家用钱就行。

我问她："你自己也有收入，你老公交的那点家用钱，你也不是负担不起，可为什么不离婚？图他什么？有钱？对你好？还是其他方面好？"

她回答："他对我毫无价值，我是为了两个孩子。如果离了，按照当地的惯例，两个孩子都归男方，男方会带着他们去农村乡下，扔给爷爷奶奶带，我还不被允许去看孩子。孩子的爷爷奶奶不重视教育，我提出离婚的话，两个儿子的一辈子就毁了。"

我说："法律不会这么判的，至少会判一个孩子给你，而且，法律也会保障你的探视权。"

她回答："在根深蒂固的陋俗面前，我的探视权很难被保证。想去看孩子，可能还没走到村口呢，就被人打出来了。"

我就没再说话。

我从小在农村长大，见惯了太多逆来顺受的妇女。有些农妇，遭遇了不幸婚姻，甚至会选择走极端。我小学同学的妈妈，常年被丈夫家暴，一度被打到住院，回来后照例给丈夫端茶倒水。丈夫半身不遂以后，她还一直照顾他。还有一些农妇，忍气吞声、咬牙凑合几十年，到老了，丈夫终于收心了，她终于迎来了安生日子。

我小姨不幸嫁了一个家暴她的男人，身上经常被打得青一块紫一块。她 23 岁时莫名其妙地死掉、被草草火化，小姨夫一家对外宣称她是自杀。我们家报了警，可等警察赶去现场，小姨早已变成了骨灰，连侦查证据都被毁损了。

在农村，敢于反抗的女人并不是很多。我所见过的，舅妈算是一例。她被我舅舅家暴后，勇敢地离了婚，脱离了魔窟。另外一例，是邻居大婶，因为不堪忍受丈夫好赌、家暴，带着小女儿远走他乡。邻居大叔威胁她说，一旦让他再见到她，他会"杀她全家"。然后，她真的三十年不敢回老家。还有一例，一名农妇也是不堪忍受丈夫家暴，选择了出家。

在这些反抗的例子中，他们无一不丧失了至少一个孩子的监护权。我舅舅是个赌徒、酒鬼、家暴狂。舅妈跟他离婚后，他就打我外公外婆和小表弟。离婚后，小表弟由他抚养，长大后也没有成为家庭栋梁。邻居大婶远走他乡后，留下大女儿给邻居大叔，大叔从来没管过这个女儿，这个女儿上完小学就辍学了。当了尼姑那个农妇，两个孩子都由前夫抚养。两个儿子长大后不务正业，其中一个儿子因为贩毒，被判刑二十年。

在许多落后地区的人眼中，根本没有"探视权"这个概念。两个人离了婚，就是仇家。孩子判给了谁，就是谁的"私有财产"，别人无权干涉。那时候，农村妇女想要离婚，就得狠下心，抛下至少一个孩子。若是狠不下心，就只能继续逆来顺受。

陋俗是根深蒂固的，个体想要与之抗衡，需要付出非常昂贵的代价。当其对不幸婚姻中的女性形成一种围剿时，她们似乎除了逆来顺受，别无突围之路。

当然，经过这些年的发展，农村女性的境况得到了改善，我老家的情况似乎好一些了。我一个同学的母亲，忍耐了丈夫三十年。她丈夫不停出轨，回到家里还对她拳打脚踢。我同学长大后，一直劝自己妈妈离婚，可她妈妈还是不敢。直到前几年，同学结婚生子，接了自己妈妈去城市里住。

这位妈妈和女儿、女婿住在一起，感到前所未有的幸福。在大城市待了几年，慢慢地，她的思想观念也发生了改变。在六十岁那年，她勇敢地跟丈夫提出了离婚。丈夫当然是不同意的，她在女儿的帮助下，起诉到了法院。法院判决下来，她分得了一半房产、一半田地。

当然，你也可以说，她是因为有了女儿给的底气，才敢离的婚。是的，离婚也是一件需要底气的事。这个底气，可以是别人给的，也可以是"舍得一身剐"的勇气和决心，更可以是"宁愿吃苦，不要受气"的价值选择。

换而言之，女性不该活得像藤蔓，因无路可走、无路可退而选择婚姻，而是应该活得像大树，拥有独立生长的能力。

03 独立自强是唯一的突围之路

我一直认为，当下的女性，怎么活都不太容易。

在职场上"拼杀"？想达到同样的职位和收入，女性往往需要比同等竞争力的男性付出更多。选一个男人结婚？怎么选都有可能遇人不淑。

女性择偶内卷严重，能在婚姻中求仁得仁的，真的是极少数幸运儿。职场内卷也严重，能在职场上顺风顺水的，也属于比较幸运那一类。

现实就是这样，我们唯有自强。

我只能经常拿"中国女足获得 1300 万元奖金"的事情去激励那些在婚姻中委曲求全的女性。

如果你身处困境，如果你之前不被喜欢、籍籍无名，那么，你最应该做的，就是不断拼搏，拼出成绩。别人最终会因为你的成绩而关注你、重视你。越是输不起，越要"支棱"起来，拿出你的狠劲，闯出一条路来。

接受现实，放弃幻想，认清形势，独立自强，才是女性唯一的出路。别老想着可以利用谁，绝大多数人你根本利用不上，还惹一身麻烦，白白浪费自己的时间。如果你不幸入了"虎口"，要么让自己也变成老虎，要么逃离老虎。而最正确的第一步，就是先逃离会进一步吞食你能量的老虎，积蓄自己的能量。

我觉得很多女人在这一生中会遇到很多困惑，比如，到底是委曲求全还是独立自主？

委曲求全，只需要你屈从、温顺、迎合并放弃自我的一部分利益，就可以了。你可能迎来暂时的和平，不需要跟人"交火"，但你也可能长长久久陷入屈辱，因为没有人会真正尊敬一个放弃自尊的人。

独立自主，你需要付出的代价是"交火、斗争"，也有一定的失败概率。那是一条极其艰难的，需要你吃苦、受累、承受焦虑的旅途，但一旦你成功了，胜利果实也是鲜甜的。你会成为一个"站着的人"，你可以捏紧拳头，对那些试图欺负你的人说不，可以理直气壮地让他们"滚蛋"。

刚离婚的时候，我心理能量不如现在这般强大。我内心也有很多的惧怕，我还很在意前夫给孩子的爱和抚养费，所以，哪怕前夫的一个朋友把我跟她私下吐槽我前夫的话如数转告他，前夫跑来质问我的时候，我也选择了安抚前夫。但同时又为此感到屈辱，因为我也是被出卖的受害者。也是这种屈辱感，让我发誓：我要尽快在短时间内壮大荷包和内心，早日赚到让自己有底气的积蓄，从此再不受前夫的气，不再为了孩子的父爱和抚养费而出面帮孩子争宠、争取亲职投资①。

五年后，我慢慢做到了。这五年，也是充满艰辛的五年。一开始，我连熬夜也只能赚三十块钱的活都愿意去干。我全年无休，哪怕出游也要带着工作或是提前做好工作，只有大年初一会主动休息一天。有时候，都已经晚上十二点了，我依然一个人开着车在高速路上飞驰。真正见过我工作状态的人，没有人说我不拼。

但我发现，绝大多数人会发现并珍惜你的价值，会欣赏你的坦诚和付出，会给你正向的激励，最终这些东西也会给你带来财

---

① 亲职投资，社会生物学概念，这里指父母对孩子的整体投入和在孩子身上花费的心血。——编者注

富，甚至是比财富更重要的东西。而那些一开始就只想让你委曲求全的人，只会不停通过贬低你、排挤你、打击你、威胁你、恐吓你的方式，进一步"剥削"你。他们从来没有真正尊重过你，也不会给你什么实实在在的利益，你从他们那里得到的只是"食之无味，弃之可惜"的鸡肋。丢了吧，你觉得它是块肉；拿着吧，它是块难啃的骨头。然后，在这样的纠结中蹉跎一生，再回首已是百年身。

所以，我也想跟那些比我年轻的、正处在迷茫期的姑娘说一句：委曲求全是没有前途、没有未来、没有出路的。挖掘自己的潜能，勤奋一点儿，拿出敢吃苦的劲头，尝试一下走独立自主路线，你会活得更有自尊，你的孩子也会以你为榜样。

离婚不果断，容易有后患

01 "站在路口" 的时间过长，影响你 "勇敢行路"

经常有网友找我咨询离婚问题。但我发现，绝大多数人咨询的只是"离不离"的问题。真想离的，往往已经行动了，很多人是"想离，但没决定好要不要真离"。

我常常是这样回复她们的——离婚分"决定是否离婚"和"完成程序上的离婚"，如果你问的是前者，那就得先解决"离不离"的问题，即离婚的权衡利弊；如果你问的是后者，那就来解决"怎么离"的问题，即财产和抚养权分割等程序和法律问题。离婚这事儿，也是需要机缘催化的。到了某个节点之前，你还在纠结；到了某个节点之后，你就知道自己该离了，不必再拖了。

我曾经翻到自己在 2011 年冬至写给前夫的一封信，一共八千字。现在再看这些信，只觉得自己写得好啰唆，我们都相处成这样了，还跟他废什么话呢。我当时付出的耐心是现在的十倍，我认真地跟对方沟通婚姻中存在的问题，虽然最终对方连信都没看完。

那会儿我怀孕不到三个月，不甘心就那么离婚，还想奋力一搏，去争取、去挽回，看看是不是会出现反转和奇迹。待所有的努力都石沉大海，眼泪流得不想再流时，我苦熬下去的目的就变成了：等一个机会，一个阻力更小的离婚机会。比如，找到某种足以让我理直气壮提出离婚的证据。

当然，这中间还经历了各种百转千回的纠结和矛盾，挽救与放任、希望与绝望交织。毕竟，人是复杂的，一个人对待你的态度也不可能永远恶劣。会让你纠结的人，都是一会儿对你百般好，一会儿又对你百般差。等离婚的机缘出现了，我从发现证据到办完离婚手续，仅历时三天。

我的一个朋友说："你太草率了。"

我说："你是不知道，我等这个机缘等了有多久。"

真正成熟的离婚，大概都是这样的吧？漫长的等待、纠结中，总有些事成了加重绝望的砝码。若终于等到了机会，马上去办离婚，就能如释重负。

我离得果断，不等于我没有经历过纠结和内耗的过程。事实上，我只是把这个内耗过程放在了离婚手续办完之后，这有点像"先动手术再养伤"。

能果断离婚其实也是一种勇气，是一种敢于为自己"选错了"兜底的表现。就怕想离又不敢离，过不好也离不了，白白蹉跎了光阴，投入了大量成本，浪费了大把机会。如果把离婚比作一场手术，我见过太多人延迟动手术的时间了。他们总是想着：拖一拖是不是就可以不必挨一刀，结果，投入的时间、机会等沉没成本就变高了。

一位朋友的父母，离个婚竟拖了二十几年。他母亲早些年起早贪黑开餐馆赚钱，他家所有的钱几乎都是他母亲辛苦赚来的。他父亲却成天打麻将，还出轨。他母亲早些年也提过离婚，但被他父亲一哄，就又回去过日子去了，导致自己离婚的沉没成本越来越高。

他母亲忍了半辈子，一转眼就到了五十多岁，看到他父亲又再次出轨，她终于下定决心要去离婚。离婚就涉及分割夫妻共同财产，可那些财产都是她打拼来的，她还为丈夫还了很多外债。她想把房子都转到儿子名下，离了以后跟儿子过，但是，有一纸结婚证在，她想把自己赚来的房子都赠送给儿子，也得要老公签字。

男人知道她的心思，就是不肯签字，要求就一个：要么不离婚，离婚的话就分割一半财产。如果这婚一定要离，她得分给对方一半财产……相当于男人打了半辈子麻将，到老了还从她那里得到一半房产，跟第三者一起享用这些财富。这婚，男人离不离都不亏，但对她来说，这婚她离或不离，都要"掉一层皮"。

太多人高估了选择的重要性，结果导致自己每次站在岔路口都不敢做决定。他们既想要这个，又想要那个，还想要另一个，最终导致"站岔路口"的时间过长，"勇敢行路"的时间太少。当情境逼他们做出选择以后，不管选哪条路，他们赶路的时间都不够用了。

比如，在两份工作机会中犹豫，结果两家公司都没看到你的诚意，最终"鸡飞蛋打"；在两个异性中间摇摆，最后不管选了谁，那一方都觉得自己是你"退而求其次"的选择，对你心生怨意；在两个产品中间纠结、比价，而浪费了自己提升技能去赚钱的时间；在"分手不分手""离婚不离婚"之间纠结，过又过不好，离又离不了，虚度了无数年华，但真正的问题却没有得到解决。

我以前也很容易纠结，但到一定年纪之后，绝大多数时候我会很干脆地做选择。一件事，成就开干，不成就立即停止。尽量不要拖泥带水，尽量不要浪费自己和别人的时间。

做选择的时候，我们当然要慎重，理性权衡利弊，走出真正适合自己的路。但是，做选择的时候不停纠结，却是一件虚耗精力和能量的事情，因为它产出不了任何的价值，只会消耗掉你宝贵的生命能量。

02 拖着不离婚，可能衍生很多麻烦的法律问题

婚姻不仅是感情问题，还是法律问题。如果夫妻俩早就已经走到了"该离婚但拖着不离"的境地，极有可能会给自己、给子女和父母带来意想不到的麻烦。

比如，万一任何一方昏迷了，需要马上做手术，配偶拒绝在手术同意书上签字。比如，对方欠一屁股债，但因为你们没有办理离婚，你可能会总被债主找上门。比如，该离婚却没有及时离婚，那你赚的每一分血汗钱，将来离婚时都会被当成共同财产配偶平分。比如，拖着不离婚，这期间你若是意外身故，对方可以继承你大部分财产。如果不离婚，假如你遭到对方强奸、跟踪、骚扰，你很难获得救济，这些情况极有可能会被第三方当成家务

事。现实生活中，的确也发生过"跟配偶分居多年，突然得了重病要动手术，配偶知道后马上申请诉前保全，并起诉离婚，冻结了病患的所有银行卡"的案例。

很早以前，我也听律师讨论过这样一个案例：一位单身母亲很爱自己的女儿。女儿结婚前，她把几套房产登记在了女儿名下，这样，这些房产就算是女儿的婚前财产，即使女儿跟女婿离婚了，女婿也分不走。结果，女儿婚后过得不幸福，女婿赌博又出轨，女儿得知后深受刺激，开车时精神恍惚，不幸出车祸身亡。她女儿没有离婚，也没有立遗嘱，因此名下的财产最后由她、她前夫和女婿平分，而前夫和女婿恰恰是她此生最恨的人，这两人却要和她一起平分她打拼半生才留给女儿的财产。

对这个案例的真实性，我表示存疑，但在现实中，这种风险是切切实实存在的。比如，我一位朋友的婆婆在世的时候，她公公就跟第三者同居生孩子了。婆婆想着，自己就是一个农村妇女，都当奶奶了，就不想去离婚了，后来公婆俩就各自过各自的。她一个人养了上百头猪，没日没夜地挣血汗钱，后来养殖基地被政府征收了，拿到了100多万元拆迁款，但因为婆婆和公公没有离婚，双方各得一半，公公拿到钱就给第三者买了房子。婆婆心里一直很苦，她没过几年因癌症去世，拆迁款也没用完，又被公公继承了一半。

我一个闺蜜也遭遇了这种问题。她爸从年轻时候就出轨不断，她妈原本都跟她爸离了婚，可后来又复了婚。她妈辛苦一辈子，挣钱买下了一套房子，这套房子是复婚后买的。可后来她爸还是出轨不断，对家庭的贡献几乎为零，她妈为此天天生闷气，年纪轻轻就得了癌症，英年早逝。她妈刚死，她爸就娶了第三者，让第三者住进了她妈生前买的房子里，且生了一个儿子。

从法律角度来说，她妈妈去世后，这套房子她可以继承一部分，对房子具备相应的处置权利，但她要是处置了，她爸就没地方住了。虽然她自己经济也比较困难，但一直没法处置这套房子，因为有其余份额的她爸不同意处置。

她说，估计这房子只有等她爸去世后，她才能处置。但是，她爸若去世，情况也很复杂，她的后妈以及同父异母的弟弟也有权利去继承她爸占有的房产份额。如果当初她妈选择离婚，或许就不会积郁成疾，房屋的继承问题也不必搞到这般复杂。

如果你跟伴侣的感情已经很差，差到应该要离婚了，那你最好果断点儿，先把离婚手续办了，把财产分割清楚。不要拖着，尽早去办离婚手续，不然涉及很多法律问题，将来会更加麻烦。

把离婚对自己和孩子的影响降到最低

打好离婚战，要狠也要忍

01 离婚时，要制怒

我一位女性朋友的老公，从前是个外人眼里的"五好老公"，没想到他还是出轨了。铁证如山，但他极力否认，背地里已经在准备离婚、转移财产，还倒打一耙，私下造谣说他妻子出轨……这位女性朋友气得够呛，一怒之下把老公的出轨证据发到了他所在单位的工作群。闹到这一步，彼此失去了谈判的基础，两人只能打离婚诉讼战了。

让我震惊的是另一位女网友，她发现丈夫嫖娼之后，第一时间将丈夫的嫖娼证据发到了丈夫的工作群里，初步让丈夫实现了"社死"，也导致丈夫被单位处分。但是，她这么做的目的不是为了报复和离婚，而是希望丈夫的领导和同事能替她监督丈夫，让她丈夫不再嫖娼，回家跟她好好过日子、共同抚养孩子……说实话，我都被震惊了，因为她的一时冲动，她接下来的生活会非常被动。

我理解她们的冲动，但不认可她们的做法。

离婚的时候，人都会在心理上经历一个动荡期，都会因为曾经熟悉的人和事变得不可控而产生应激反应，对彼此容易产生敌对情绪。而且，这种情绪非常容易失控、升级，最后可能只会落得一个两败俱伤的后果。

女性在面对这种情况时，怎么做才能"让自己和孩子利益最大化"？我觉得，首先要从控制自己的愤怒情绪开始。

还是从我自己的亲身经历讲起吧。

29 岁的我发现那些真相时，也气到了极点，但我掐住自己发抖的大腿，告诉自己一定要冷静……天亮的时候，我甚至还最后一次拥抱了他。

天大的委屈和激愤，我先吞了下来。孩子的利益要紧，不必搞得太难看。他不是好丈夫，但做人留一线，或许可以给他一个"当个靠谱点儿的爸爸"的机会。这条给他"当个靠谱点儿的爸爸"的路，就留下来了。我也没想到，几个月之后，他愿意朝着我给他留的这条路走过来。

事后想来，人在做错事情、面临巨大生活变故时，的确会很慌。有的人第一反应就是掩盖错误或是倒打一耙……这就是不可直视的人性。越是这种时候，越是要"稳得住"。不乱阵脚，虽然不一定是赢家，但至少不会输得太惨。

当你被背叛、伤害、设计时，怒是本能，制怒则需要理性。但是，如果你能超脱愤怒，将愤怒转为思考和悲悯，你就只会觉得对方的这种行为十分可笑，不想去报复了。

其实，如果两个人真心爱过，如果你判定对方尚有一丝良知，他未必真的会一条道走到黑。少安毋躁，待对方的应激反应消失，他觉得自己"安全"以后，才会去面对自己的错误。

良知会在"人敢于面对自己"时到来。再无耻的人，心里都有一杆秤，人终究要给别人、给自己的良心一个交代。怕就怕，激愤一上来，两个人顿时秒变"斗鸡"，开启"互啄模式"。最终落得一地鸡毛，两败俱伤，事情也很难收场，最无辜的还是孩子。你不断向对方紧逼、宣战，制造的只是对立，反而延后了敌人"面对自己"的时机。

越是情绪激愤的时候，越要冷静、理性，不然容易把事态弄得更糟糕，导致伤口撕裂、创伤加重。离婚时，即使你面对的是穷凶极恶的人，也不能在肉体上伤害他，这个余地，其实也是给自己留的。

如今我快40岁了，但我还是感谢29岁那个"够冷静"的自己。有伤口，先包扎，"止血"比一时的输赢重要，"风物长宜放眼量"。

离婚战，有时候是闪电战，有时候是持久战。每个人手里都有"王炸"，越是夫妻越了解对方的底牌。如果一开始就把"王炸"使出来，后续不管打什么牌出来都很乏力，所以，不到万不得已，不使"王炸"，因为那是你最后的武器和盾牌。

很多人对我上述说的关于"打离婚战时制怒"的言论不太赞同，他们大概是将这话理解成为：要完全地退让和隐忍。可是，我其实在说的是一个策略问题。

打离婚战期间，你不能太感情用事，而是要用理性思维去处理，不要任由自己的情感、情绪占上风。"战争不相信眼泪"，你见过哪个在战场上活下来的战士，是随随便便就被敌人激怒的？

不顾局势就往前冲只会是自寻死路。我们可以把敌人打倒，但要讲究策略，而讲策略的第一步，就是冷静，稳得住。

我见过太多夫妻闹离婚时的恶行恶状了。平时大家都不是那样子的人，可是一离婚，立马变成了连自己都最讨厌的那种人。

一个平日里非常大方的男人，突然得知妻子早就想和自己离婚，而且她一直在偷偷转移财产，他勃然大怒，离婚分割财产时连给妻子买的首饰都要求她留下。他也不是稀罕这些钱，就是特别愤怒。他宁愿把送给女方的首饰丢进河里，也不愿意便宜了女方。

一个平日里特别爱孩子的母亲，离婚时与丈夫争夺孩子抚养权，丈夫找了人直接把孩子从幼儿园门口抢走。这导致这位母亲通过打官司赢得抚养权后，根本不敢让前夫见孩子，就是因为怕前夫再次上演抢孩子、藏孩子的戏码。

这些离婚战，哪怕一方稍微冷静、理智一点儿，一方稍微稳得住一点儿，都不必发展到"刀刀见血、伤口迸裂"的程度。心不平、气不和的离婚，往往闹得很难看。若是针锋相对，往往会"杀敌一万，自损八千"。

除却极少数"一方穷凶极恶而另一方纯无辜"的情况，绝大多数人把离婚闹到非常难看的地步，往往是因为这种关系像一场化学反应，双方的言行互相激发了对方心里的"恶"。

离婚时所有的交恶事件，都是一个环环相扣、不断升级的过程。你只有走过第一层台阶，才会到达第二层台阶。一对夫妻会走到离婚这一步，必然是存在很多怨恨、辜负、敌对，而那些能和平离婚的，至少有一方非常能咽得下委屈，肯为了双方共赢或至少不"双输"而隐忍。

如果对方稳不住，那么，你可以去做那个"稳得住"的人。看起来，当下吃亏的是你，但最终你会发现：哪一方阵脚不乱，哪一方才是真正的主导者。但我的意思不是说离婚的时候只能退让，而是我们要讲策略。打离婚战期间，你可以是一个战士，而不是被辜负、被伤害后情绪化的妻子或是母亲。

如果说离婚是一场火灾，那我们要尽量少做那种火上添油的事儿。这种时候的重点根本不是要脾气、赢快感、占领舆论高地。

你首先考虑的是要将离婚对自己和孩子的损失降到最低。其他的情绪暂且先放一边。等"战争"结束了，你再坐下来控诉、哭泣。当下，你必须是一个战士，一个冷静的人。我知道这很难，但你必须要学会制怒，因为愤怒最容易让你的智商"不在线"，这反而会坏事。

离婚是一场危机，这非常考验定力，你必须像对待一场战争那样对待它。如果你能平稳度过这场危机，日后你的人生会顺利许多。不然，你需要花很多的时间、精力去修复这场"战争"留下的伤痕。

02 离婚谈判时，善用沟通术

很多夫妻在离婚谈判时没法达成共识，是因为双方几乎没法建立有效的沟通机制。一方越是无动于衷，拒不接收对方丢过来的"球"，这沟通游戏就越是没法玩下去；另一方越是着急想通过沟通解决问题，就越发歇斯底里。无动于衷就是一种冷暴力，这是一种令人窒息的无效沟通方式。你跟对方说上几个小时、几天甚至几年，可能也没法让对方探知到你的内心所想。这种时候，被伤害了的一方用一种绝不肯退让的进攻方式去沟通，其实也是一种无效的沟通方式。

当你对对方已经毫无尊重，狠话频出、完全不顾及对方的心理感受时，你跟对方说的话就不叫沟通，只能叫发泄情绪。如果两个人在离婚过程中到了这一步，你就没必要把时间浪费在发泄情绪上了，而是要去学会掌控谈判的走向。

我相信，一段破裂的婚姻中，一方对另一方毫无愧疚的情况是不存在的。离婚谈判时，但凡有一个人能对对方心怀愧疚之情，"战火"可能就不会升级。一旦一方开始表达愧疚，这也能影响到另外一方，让对方的心也跟着软下来。人只有心软下来了，自己的委屈得到了释放，出于自我防卫而释放的攻击性才会减弱，事情才可能向好聚好散的方向去发展。

拿我自己来说吧，前段婚姻中，严格意义上来说我不算过错方，但我也曾对前夫表达过内疚。如果我在谈离婚的过程中一味指责，以针锋相对的姿态跟他开战，离婚过程一定会很难看。所以，以下几句话，可以用到离婚谈判里：

"如果我说错了，请你原谅。"

"感谢你陪我走过一程，如今缘分已尽，我希望我们好聚好散。"

"我希望在财产分配上可以更公平一些。"

"我想再确定一下，你这边的想法是什么。"

"我个人认为，另一个较为合理、对我们彼此双方都好的方法是……"

谈离婚无法避免会面临争执，当你感觉自己的情绪开始紧张，心情开始烦躁，甚至愤怒开始在心中蔓延时，可以尝试不要再说话，尽量让自己冷静下来，或者跟对方另约时间，因为生气时解决不了任何问题。

不过，如果你遇上的是一个无赖，那么上述手段可能会失效，可能你刚说完第一句就被对方惹怒，双方的沟通完全无法进行下去，这种情况就不必再谈了，可以直接法院见。一旦所有的争议都用法律的手段去解决，自己就可以省心了。

迫切想离婚的一方，也不必太心急。"好饭不怕晚"，一场漂亮的离婚仗也不怕拖。形式上、程序上到底有没有离成先不谈，心理上已经割裂了就已经算是告一段落了。你越是抱有恨不得马上离婚的心态，越有可能没有耐心弄清楚整个状况。

婚姻关系值得我们用心经营和维护，但无可挽回的婚姻也需要体面了断。我们尊重与对方的开始，也尊重与他们的结束。

03 离婚也需要时机和谋略

我经常收到这种私信，问："发现丈夫出轨的迹象但没找到关键证据，怎么办？"

是的，她们说的都只是迹象。比如，明明自己是短发，但丈夫的床上出现了长头发；丈夫"加班"或"出差"回来，突然对自己特别好，担心是他内疚后的补偿；丈夫接打电话神神秘秘，手机从来不让妻子靠近，连洗澡、上厕所都随身带着，妻子要想查看，他就先发制人站在道德制高点上指责妻子不尊重伴侣隐私、不给伴侣自由；等等。

她们都怀疑老公出轨了，也发现了出轨的迹象，但是，没有能一锤定音的证据。

这种时候，作为妻子，该怎么办？

我跟她们说，你到底要不要去盘问另一半，取决于你是个怎样的人，你在这场婚姻中的处境如何，而不取决于这件事本身。你老公到底有没有出轨，其实你应该是有"第六感"的。只是目前，我觉得先积累摊牌的资本比摊牌更重要。

回到这个问题：发现了丈夫出轨的迹象，到底要不要去盘问然后离婚？

我觉得这也要分情况、分人。倘若你拥有随时可以离婚的底气、魄力和实力，且你无法忍受丈夫的不忠，那你随时可以把自己发现的蛛丝马迹摊到台面上来讲，甚至可以公告天下。倘若你想再给彼此一次机会，就敲山震虎、以儆效尤。倘若你没有任何跟他博弈的筹码，心里也没有打定主意要离婚，那么，对方一旦吃定你不敢离婚，你的任何举动都只会打草惊蛇，让对方把出轨这事儿做得更加隐蔽。

我就亲眼见过那种一看到丈夫有出轨迹象就跑去闹，闹完了又继续低眉顺眼跟丈夫过日子的女性。当然了，接下来她的婚姻生活，对她而言也是要多闹心有多闹心。

我也经常遇到一些女性，不停发私信跟我说她老公如何"渣"，她必须要离婚。你再问她，便发现她根本没有离婚的资本，也不想离婚。离婚后，她的生活水平可能一落千丈，连如何生存都成了问题，而她也根本吃不起"一个人过，自食其力"的苦。离婚不过就是她们要挟丈夫、宽慰自己的一个手段。

我是这么认为的：对于成年人来说，离婚只是一种权衡利弊后的选择，它不该成为一种武器。你拿这个武器去报复别人也好，捍卫自己的尊严也罢，这多多少少会显得有些"幼稚"。一个人的尊严，更多时候是自己给的，而不是离婚这件事给的。小时候，谁得罪了我们，我们可以扭头就走，嘴里还嘟囔一句："哼，我不跟你玩了！"长大后，如果要跟一个人决裂和对抗，也得分析下自己是不是鸡蛋碰石头，看看自己是不是被人拿捏住了，研究下某个事情要怎样做才能让自己利益最大化。

如果你真的跟一个人在心理上离了婚，何时去办这个手续就不再是能困扰到你的问题。这种时候，利益比感情重要，实实在在的好处比"心理上要占上风"重要。真想离婚的人，不会急于这一时。

我的闺蜜从发现老公出轨到最后离婚，这个过程大概持续了一年的时间。一开始，她无法接受，想过去挽回。在很多人看来，这可能是非常不值得的，但大家不知道的是，她老公曾经对她有多好，他是一个遇到泥石流时奋力把她推去安全地带而自己差点被泥石流埋了的人。但是，因为男方出轨，两人的关系还是慢慢失衡了。

这期间，她开始为离婚这件事做准备，把主要精力放到事业上，积极咨询律师以争取离婚时分得更多财产。最后，她逃离了那段婚姻，保住了自己的利益，包括财产、抚养权等。就这么一步步走下来，我觉得她每一步都处理得挺成熟的。

她跟我说，真的打定了离婚的主意，就不着急那一时半会儿。时机成熟了，再奋力一击也行。

回到"发现老公出轨的迹象"的这个问题。如果只是发现"迹象"，该怎么办？如果你完全不在乎丈夫是否出轨，那就当什么事都没发生。如果你完全没有经济上的、精神上的离婚筹码，只能仰人鼻息地生活，但又很在乎丈夫出轨这件事，那你当然可以去找老公问一问，给他警告。

倘若你不想做以上两种人，那就"高筑墙，广屯粮，缓称王"。

在这个语境下，"高筑墙"的意思是，筑牢自己的心理防线，别动不动就崩溃。学学甄嬛，当她心中再无皇帝之后，宫斗时就自然就没了软肋，只剩下"盔甲和刀剑"，自然能所向披靡。"广屯粮"的意思是，为离婚积攒足够的物质基础。该出去找工作就出去找工作，该存钱就存钱。离婚以及离婚后的生活，都是需要钱的。"缓称王"的意思是，尽量控制住自己的暴脾气，别轻易打草惊蛇。你要学会悄无声息收集更多对方的出轨证据，为终有一日会到来的"决战"积攒足够的道德支持和舆论支持。

04 离婚不是武器，要狠也要忍

曾经，有一位朋友想和我合作做一门课程。我问是什么课程？对方说，目前很多优秀、能干的女性跟男性离婚时，都得在离婚时把自己辛辛苦苦赚来的钱与男性进行分配。她想开发一门课程，教大家怎么保护好自己赚来的财产，不会因为离婚而被丈夫不公平地分了去。

我说，这个我没法合作。现实生活中，有一些男性在准备和妻子离婚时，最喜欢钻法律空子转移财产，让妻子拿不到他一分钱或只能少拿钱。你这一套，很容易被这些男人学来对付妻子。法律规定，转移和藏匿夫妻共同财产的一方，可以少分或不分财产，但是在实践中，你要证明对方有转移和藏匿财产的行为，取证非常艰难，所以很多人屡屡得逞。说真的，我觉得这是一种非常不厚道的做法，并不会因为做这事儿的人是女性，性质就发生了改变。我尊重某个个体这么做的自由，但让我公开提倡这种套路，我是万万不愿意的。

离婚战役一旦打响，其实是很残酷的一件事情，有的夫妻可以好聚好散，有的夫妻却面临一场恶战。这种时候，你越是能早点放下自己的情绪，搁置纠葛、恩怨、对错，以冷静、理性的态度对待离婚这件事，离婚后你才越是能少一些被动的情况。

如果婚姻走到了势必要离婚这一步，你就得先集中精力打好这场离婚战，战争结束后再释放情绪，该悲伤就悲伤，该怨恨就怨恨，该庆功就庆功。

我真的见过那种发现丈夫有出轨迹象但表面上不动声色、背地里默默积蓄离婚资本，最终打赢离婚战的女性。她们清楚自己的底线在哪里，因此，一旦确定了离婚这个目标，她们反倒不着急马上行动。

电视剧《福斯特医生》第一季讲的就是这样一个故事。电视剧一开始给大家呈现了一位事业有成、经济独立、家庭和睦的女主人公的一个清晨。女主人公是一位医生，她把大多数精力放在事业上，她的薪水也是家庭的主要经济来源。

某日，她无意中发现丈夫的黑色围巾上有一根金色头发，直觉告诉她：丈夫可能出轨了。于是，她开始在暗地里收集老公出轨的证据，还发现了一管从老公口袋里掉出来的女士唇膏。在好友的帮助下，她顺利地查到了丈夫出轨的证据以及出轨对象——夫妻俩共同好友的女儿。更令她感到崩溃的是，除了丈夫的背叛，她发现几乎所有曾经信任的好友都在一起欺瞒她。也就是说，只有她一个人被蒙在鼓里，她才是最后一个发现丈夫出轨真相的人。

女主角一度非常崩溃，但她很快清醒过来：自己并没有做错什么，错的是他们。于是，她不动声色地开始反击，先是配合丈夫完成"夫妻恩爱"的表演，接着摸清楚了家里的财产底细，并摆了一场丈夫、第三者以及第三者的家人同时出席的鸿门宴，她一步步戳穿真相，潇洒离去。

故事的最后，她争取到了自己想要的一切，包括财产、抚养权。再次在街头遇到怀孕的第三者，她甚至能毫不介意地跟对方打招呼。这个故事的后续，不一定符合观众的期待，但女主人公的理性、隐忍，让她把一场离婚战打得特别漂亮。

　　看了那么多的离婚案例，我有一个感想：离婚不是武器，它是一场战争，需要勇气和谋略。

　　婚姻真的不是桃花源，两个人关系恶化后，它就是一场争夺战略高地的战争。届时，感情不起作用了，你需要用的是脑子。法律只讲条款和证据，你更应该把时间、精力花在哪些重要方面，你心里要有数。

离婚后，要努力疗愈自己

01 挺住意味着一切

我从发现丈夫的出轨迹象到离婚，只用了三天，其中两天还是周末。知道我的故事的朋友对我表示佩服，赞我的决定干脆洒脱，赞我离婚后坚强、独立、能扛事儿。

说真的，我不能因为自己现在已经云淡风轻了，就大言不惭地将这一切归因于"我不是一般人"。人都是旁观别人时才显得高明，真轮到自己了，才会发觉自己其实没什么过人之处。遇到困境的时候，我内心里该有的恐惧、忧虑、困惑一点儿都不比别人少。

坦白讲，刚离婚时的我，活得一点儿都不潇洒，甚至可以说是狼狈至极。

形式上离开一个人很容易，但感情上却很难。这一点，所有经历过失恋、离婚以及失去过亲人的人，应该都能感同身受。人世间几乎所有的离别，都像做了一次或大或小的手术，离婚也一样——除非你不曾付出过真心。

离婚也像做了一场手术。手术过后，麻药劲儿没过，你是感觉不到疼痛的；但过了一段时间，伤口的疼痛会全面袭来，让你无从逃脱。你开始意识到，"与子偕老"成了泡影，曾经的枕边人已形同陌路。每天晚上一个人躺在空落落的床上，眼泪就扑簌簌往下落，你会否定自己甚至怀疑整个人生，甚至一度怀疑自己可能再也过不去这个坎儿了。

那时，我意识到自己必须要尽快疗愈好自己，如果我不尽快好起来，可能我就养育不好我的孩子，可这么一想，我的心理压力就更大了。有很长一段时间，我在爸妈和孩子面前装得若无其事，可午夜梦回时经常一个人抱着枕头痛哭。枕头正面哭湿了，就把枕头背面翻过来睡。每三个月，我都得扔掉一个枕头。没办法，不扔的话，枕头会发霉。

哭起来的时候，心是抽着疼的。我时常感觉自己就像被扔到了一个深深的、黑暗的枯井里，井底离井口很远，井壁太光滑，我根本攀爬不上去。世界很大，但它在井口上面，井里永远只有我一个人，我只能靠自己一个人的力量挨过那些黑暗。

有几次哭的时候，碰巧孩子睡在旁边，我就凑到她身边，闻闻她身上的奶香味，心里会感觉稍微好一些。起初，我两天一哭；后来，一周一哭；再后来，一月一哭；然后，半年一哭……到现在，就完全没事儿了。

如今，我讲起这些，就像在讲另外一个人的故事。那个沉浸在痛苦之中、不知何去何从的人，似乎并不是我。时间是多么强大，它能化腐朽为神奇。

有一些刚刚离婚的朋友问我："怎么样才能快速疗愈自己？"坦白讲，我觉得这事儿是没有捷径可走的。你只能一分一秒地熬过去。

　　运动、旅游、育儿、赚钱等转移注意力的方式，并不能完全解决你的悲伤问题。闲下来的时候，那些负面情绪总会乘虚而入，逃避没用，你还是得面对它，和它相处。

　　但是，我们该庆幸，摆脱劣质婚姻就像割除了长在身体里的一个恶性肿瘤。如果不割除，它有可能会毁了你的灵魂与人生，甚至能要了你的命。痛是正常的，但再痛你也不可能把切出来的肿瘤给重新放回去了。

　　而我能给你的唯一的建议是：伤口不是拉链，不可能快速缝合和复原。痛苦来袭的时候，像忍耐手术后的伤口疼一样忍着吧，咬着牙挨过去，时间长了就好了。

　　痛苦像海浪，一波海浪来了，它会把你淹没，你只能忍着，再静静等待下一波。就这样，痛苦再来一次，你就接纳它一次，大不了痛哭一场。痛苦当然会反复，但它出现的频率和程度会越来越低，到后来你会发现，你已经能越来越轻松地应付它了。直到有一天，你都不记得它上一次来拜访你到底是什么时候，那么，你就基本已经算是疗愈了。

　　这世界上没有速效药。人生所有的痛苦——不仅有被背叛、离婚，还有失业、亲人去世等，都得靠我们自己一点点挨过去。

　　面对痛苦，没有天生坚强的、能扛事儿的人。不要着急，挺住意味着一切。

02 时间能治愈一切

生孩子时，我顺产转剖宫产，受了两茬罪。

七月底的酷暑天气里，我经历了出生以来最大的一次疼痛，身体像被撕裂了一般，疼得我找不着北……剖宫产手术结束后，我浑身动弹不得，身体完全被汗水浸湿，像一头奄奄一息的母兽，因为没有床位，只能躺在空调坏了的医院走廊。

生孩子的前一天晚上，前夫来看了我一眼，我以为他会留下来陪我，心里还有些窃喜，心想他还是在乎我的。所以，当晚我还让准备陪护我的爸爸回家休息了。岂料，前夫只是来跟我吵了一架，然后扬长而去，孩子出生后次日才回来。我只好打电话又把已经睡下的我爸叫了起来，陪我度过已经开始阵痛的那一晚。

生完孩子后，因床位紧张，我只能住院三天，在伤口还在疼痛、人还不能下蹲的情况下就得出院。出院前，前夫每天会来医院看一会儿孩子，拍几张照片，跟我聊聊孩子长得像谁。

我没有力气生气，只想将所有的精力放在把身体养好、把孩子养好上，心想有天大的事等出了月子再说，所以，我当时还对他很和善。

可是，出院当天，我还是忍不住了。前夫依然在出差，没回来。他打电话过来说，他工作忙，接不了我们出院。

我家那时就在医院对面，过个天桥就到，但以我当时的身体状况，根本无法走天桥。我妈抱着孩子，我爸拿着住院用的物品，闺蜜搀扶着我一步一挪地走到大街上。我们打了一辆出租车，绕了个大圈，才回到了家里。

离婚后的某一天，不知道为什么，我忽然想起来那天的这些细节，然后有点感慨：幸亏这一切都发生在多年前。那会儿我爸还没中风，也没有痛风症状，不会像现在一样走路一瘸一拐，一到晚上一只胳膊就疼得抬不起来。那时我妈身体也还算健康。我闺蜜那会儿还没结婚，可以住在我家帮着照顾我和孩子。我真的很感谢她，生孩子期间前夫不在场，医疗手续上很多事情是她教我爸妈办的。

离婚前那段等待的时间，如今回想起来，过得可真艰难啊。幸亏是离婚了，回想起以前的事儿来才会觉得像场梦，才会摊手耸肩无奈一笑。若不离婚，那些往事现在可能还是"眼中钉、肉中刺"，我甚至可能会连带着讨厌和鄙夷起自己来。

有时候，再带着孩子走在那个天桥上，想着当初那个抱在怀里的小人儿现在已经长这么大了，竟有种"世事一场大梦，人生几度秋凉"的感觉。

到今年，若不是翻看了一些孕期和产后的日记和照片，我都不记得自己曾过得那么抑郁。那种不被善待、不被理解、不被看见以及"两个人在一起还不如一个人待着安全"的感受，刻骨铭心。

记得那些感受的好处在于：以后的日子里，我能迅速识别什么是风险，并规避掉那些风险。就像被火烫伤过的人，比一般人更懂得如何规避火情。你开始明白，哪些温度是暖，而哪些只是单纯的烫。

再者，养育孩子的快乐也是实实在在的。第一次给她剃胎毛，我全程录像，只觉新奇。半岁以前，她长得不算漂亮，但我每天都想晒她照片。第一次带她去打预防针，她一哭我就心疼。第一次帮她剪指甲，我的手一直发抖，就是担心剪到她的肉。看她第一次翻身、坐立、爬行、走路、说话……每一次她的改变，对我而言都像遇见了一个里程碑。第一次当妈的紧张、快乐，都是真实的。

有时我也会想，倘若我没要孩子，我应该没那么快能走出来吧？爱、宽容、悲悯，是帮你走出一段不良关系的良方，而孩子能成为让你产生这些力量以及软化矛盾、坚冰的催化剂。心，只有先变软了，才能变大。心变大了，格局才会大。

前夫给我的那些不愉快，已经过去很多年了，我现在再看，只觉得像在看别人的事儿。好的事，都记得；不好的事，不提醒我的话都快记不清了。

更多的时候，我会感慨时间过得太快。是啊，昨天还躺我臂弯里吃奶的孩子，怎么已经变成一个青春美少女了？我懒得花时间再分析当年那些事儿，是因为我发现时间过得太快了，时间不够用了，时间不多了。

我曾经以为我们年轻时遇到怎样的人、发生怎样的事并不重要，殊不知，这些人和事其实已经决定了我们一生的基调、底色。它们像一个沟渠，引领着时间的流水流向远方。

人到中年，举目四望，自己能把控的事越来越少，对命运的敬畏心越来越重。当爱情在你生命中所占的比重逐渐变小，你会发现，离婚，前任，都不算是个事儿。

毕竟，除了生死，人生哪有什么大事？哪件事不是一场大梦呢？眼睛一睁一闭，梦做完了，也该走了。

以后啊，我只想奋力生长，不负每一个晨昏。

03 婚姻也不过是个人生渡口

曾经有人问我："那你当初为什么选前夫？"我只能回答，两个人的命运能汇聚在一起，总有"相吸"的成分在。

我十一岁就离开家，在外独立生活多年；十七岁开始没花过家里一分钱，大学毕业后赤手空拳来到广州这座城市打拼；中间经历两段"狗血"感情，但没有结果；二十七八岁时遇到前夫，那时我极其渴望成家，渴望自己能有个孩子，而在当时相亲市场的一众人中，前夫是条件最一般但表现得最"正常"的一个。

比如，他不教训我，不打压我，不控制我，给我充分的自由，让我可以"做自己"。对我这种边界意识特别强的女生来说，这也是一种强大的吸引力。比如，他长得还算周正，甚至神似我喜欢过的一个男演员。比如，他够温柔、够体贴，从小在家庭中锻炼出来的察言观色能力使得他能体察到我细微的情绪变化，让我有了"被看到"的感觉。最重要的是，我有了一定的经济基础，我想有个家、有个自己的孩子，而他身上还有那种被家庭保护得很好、不需要过早面对人生残酷的松弛感。

我们很快就结婚了，从认识到领证，大概不到半年。婚后有过大概三个月无比快乐的甜蜜时光。他每天打电话叫我起床，每天给我把牙膏挤好，每天变着法子逗我开心。

不过，也正是因为考察期不够，又带着"赌一把"的成分，我忽视了这段关系背后隐藏着的"雷"。在学历、阅历、思想成熟度甚至经济条件方面，我略甚于他，但他之所以能让我选择他，是因为他的恋爱经验和技巧足够丰富，知道怎么讨女孩欢心，也愿意这么去做。而这种经验和技巧，在我们婚姻出问题以后，他当然也可以用在其他女人身上。

在实际过日子的过程中，我发现他所谓的会察言观色、体贴入微，也不过就是他长期在强势父亲的规训下形成的一种本能。与这种本能对应的，就是在小家庭遇到事情的时候，他缺乏足够的担当，所以，一遇到问题他就逃避、缺位，也让我跟前婆家相处得很不愉快。到后来，我孕期他夜不归宿，我生孩子时他跑去出差，再到我在哺乳期发现他出轨的有力证据然后主动提离婚，不过都是前面那些隐藏的"雷"被点燃了引线而已。

这无非就是另一个"兰因絮果"的故事，和其他人的离婚故事本无不同。大家都是从欢喜到嫌恶，从相吸到相斥。花开花落自有时，万物的来去都有相应的时间，我们各自的命运也还要继续。

现在我怎么看待伴侣出轨？跟刚被出轨时候不一样了，我现在看待这些事情的角度，更具延展性。

如果把出轨和离婚事件比作一个夹角，那我在发现真相的那一刻就是夹角的顶点，随着边代表的时间慢慢流逝，出轨、离婚这些代表夹角度数的"事实"不变，但夹角的边长变长了，夹角边夹住的范围也变宽泛了。

站在出轨者的立场上，出轨这事儿似乎就是：欲望来了，不抵抗，不克制，顺从它；代价来了，承受它。年轻的时候，明白了一个"因"会对应怎样的"果"，下次婚姻、再遇到下一个人，就不敢轻率了。

对被出轨的人来说，其实从"废墟"上重新站起来，是一场大劫，也是深刻的一课。你明白了人都是有欲望的、有弱点的，人是会犯错的，但也是会成长的，人和人的关系不是固态的、永恒的，而是会流动的。你承受"动荡"的阈值会变高，你对"稳定"不再有执念，你会发现：通往内心的路更通畅，而通往幸福的路不是只有一条。

经历过这些事的洗礼，你再回头看那个夹角的顶点，只觉得它很小，小到不值一提。你越往外走，就越能发现世界的宏大。人生就像打地鼠游戏，这一关过了，还有下一关等着你。所以，我更愿把离婚当成命运给我布置的一道坎儿、一门功课，我必须要跨越它、研究它。

在研究它的过程中，我发现了自己内心的荒芜与缺失，我看到了自己的性格短板和内核不稳，我明白了组成这个社会的每一个小家庭是如何被大环境影响的，我体悟到了身在局中每个人的局限与挣扎。

那我应该做什么？

第一，重塑自己的核心价值观，并且夯实它，不再轻易动摇。如果我是一艘船，这个核心价值观就是我的锚。有了它，再大的风浪来了，我都能稳得住。

　　第二，尽力找到长处，弥补短板。这一点，知易行难，但我到底是在改变的路上了。

　　第三，以后遇事，学会判断情势，学会利益制衡，大事坚持原则，小事上对他人多一分体谅。这不是一句轻飘飘的口号，不是"知道了"就可以，它真的是需要你真正经历过一些事儿才能深切体悟并付诸实践的。

　　然后，你再去看过往那些事的时候，心态就不一样了。你会发现：不知不觉间，那个坎儿，你越过了；那道题，你通关了。你的人生翻开了新的篇章，你不会沉迷在是非对错中无法自拔，因为你的人生已经有了新的命题。而在经历这些事情后，你掌握的那些技能，在你开解其他人生命题时，会派上用场。

　　比如，我深切意识到，婚姻也好，职业也罢，其实没有绝对的稳定，我需要做的就是拥抱变化，而不是寄希望于一个事物一直保持稳定。比如，我深切意识到自己性格中有阴影，那我就尽力不把这份阴影传递给孩子。至于前夫过得如何、后来娶了谁，我根本不关心，因为我的时间和精力花给自己和孩子都不够。前夫对于我来说，只是人生的一个渡口而已了。

好聚好散，离婚时别暴力抢孩子

01 努力争取是爱，懂得放手也是爱

现实生活中，我见过不少男女在离婚时或离婚后展开孩子争夺战。

有对准备离婚的年轻夫妻为抢孩子，差点让孩子受伤，还在小区里吵得鸡犬不宁。邻居不堪其扰，向辖区派出所报警。

我的一个朋友因忍受不了前夫赌博而离婚，法院判决儿子归她抚养，孩子父亲对儿子有探视权。她和丈夫离婚时，孩子还不到一岁。某年过春节，前夫和前婆婆过来看孩子并提出要带孩子回自己家住几天。

她思量着，对方毕竟是孩子的父亲，虽然儿子还小她不放心，但还是答应了他们的请求。前婆婆一听，就抢着抱上孙子走了，说是带过去住几天就送回来。她相信了，并跟他们说务必两天后送回，结果两天后她再找前夫，前夫说已经把孩子送去远房亲戚家了。

就这样，儿子被她前夫藏匿了起来，一藏就是小半年。那半年时光里，她几乎要崩溃了，报警了几次也没解决。

为了找回儿子，她边起诉前夫边花钱请人去找孩子，折腾了

将近一年的时间，才再次见到了儿子。儿子长期与她分离，都快不认识自己的亲妈了。而她的前夫回来跟她抢儿子的原因，仅仅是他新娶的妻子生的是女儿。

一位女网友也跟我讲过发生在她自己身上的事，她跟前夫离婚后，前夫没有给过儿子一分钱，也没照顾过儿子一天。但是，某天孩子父亲突然出现在了幼儿园门口，趁接送孩子的外婆不注意，一把抱住儿子并把他塞到了车上。

孩子被吓坏了，不停哭喊。孩子外婆想拦住孩子父亲的车，但对方人多势众，车子还是很快就开走了。她接到孩子外婆打来的电话，如同五雷轰顶，情急之下赶紧报了警。

那段时间，她吃不下、睡不着，万分焦急到处找孩子，好不容易找到前夫藏匿孩子的地点，结果前夫又把孩子扛走了，她只看到了孩子的一个背影。更令她感到心疼的是，孩子穿的依然是那天被抢走时穿的衣服裤子。一想到这些，她就特别悲伤。

在这些案例中，抢夺孩子的一方并不是真的爱孩子，他们只是把孩子当成一个物件，抢夺孩子的行为更多像宣示主权、满足占有欲、享受"赢"的快感。

也有一些案例，是夫妻双方真的爱孩子，谁都不舍得放开孩子，才展开"抢孩子大战"的。

我的一位男性朋友花了五年的时间才离成婚，原因是双方就孩子抚养问题谈不拢，又不想通过法院解决。两人离婚的原因，是女方出轨。他觉得女方人品有问题，将来肯定带不好孩子，要求女方放弃孩子的抚养权，而女方觉得她出轨是一回事，孩子的抚养权是另外一回事，不肯做出任何让步。

双方就这样拉扯了五年，一转眼孩子都八岁了。这孩子从记事以来长到八岁，就没有过过一天父母不为自己的抚养权问题争吵的日子。某一日，她看到自己的父母又吵架，冲出来说："你们谁都不要争了，以后我自己过！"

这位男性朋友也觉得累了，同意把孩子的抚养权给女方，他自己每个月出抚养费。我问他："你何苦呢？"

他说："把女儿给她，我就是不放心。"

我说："放不放心她也长这么大了，这五年她若是不在父母争吵的环境中长大，或许会快乐得多。"

我的一个远房姐姐，她当年离婚时也遭遇了前夫拼命跟她争夺孩子抚养权的情况，她看到对方那副"争不到孩子抚养权就不罢休"的架势，怕这样的战争会伤害到孩子，忍痛在离婚协议上签了字，约定孩子给前夫抚养，双方很快办妥了离婚手续。

对于一个母亲而言，要跟孩子分开，是一件非常煎熬难忍的事。起初，她每周见完儿子，就忍不住转过身痛哭。后来，慢慢地，她也习惯了，后来看到前夫新娶的妻子对自己儿子还算可以，就更觉宽心。

她说："孩子是从我身上掉下来的肉，我怎么可能不疼他？但就是因为疼他，所以才舍得放手，我宁愿自己疼，也想让他有一个好的成长环境。如果我那时不肯让步，也许孩子会受到更多的伤害。"

我同意她的说法。离婚时，努力争取孩子抚养权是爱，懂得放手也是爱。

02 离婚时别把孩子当筹码

夫妻要离婚，解除掉的是"夫妻关系"而不是"亲子关系"。"抢孩子"本身，就是一种很不文明的行为。孩子不是谁的附属物，也不是谁的私有财产，他跟父亲或母亲的血缘、亲缘关系任何时候都不该被人为割裂。孩子抚养权归谁，并不等于孩子就归了谁，只是综合来看，孩子跟谁在一起生活更有利于成长。

夫妻双方离婚时抢夺孩子，或者离婚后一方控制孩子，故意不让对方见到孩子，这样的离婚双方对孩子是十分不负责任的。他们或许根本没有真正考虑过孩子的真实感受和想法，只是借孩子发泄私愤或达成某种私欲，也没意识到这种做法对孩子的身心发展极为不利，甚至对孩子未来人生观会产生恶劣影响。

试想一下，孩子天生对父母有较强的认同感，可本该跟他最亲的父母却把他当成一份财产、一个物件一样抢来抢去，那他会对这个世界产生怎样的想法？孩子最需要的是安全感、信任和爱，可被抢夺的过程中他只感受到了不安、猜忌、惶恐以及人性的自私和恶。

父母离婚已经给孩子造成了一次伤害，父母就不要再把孩子推到矛盾的夹缝中，让孩子承受更多的心理压力和伤害了。双方能协商就协商，不能协商就让法院判决，法院判决完了就要执行，别再因为自己的私心要无赖。比做孩子的爸妈更重要的是，你得先做一个"人"，一个能被孩子、被世人看得起的"人"。

　　夫妻双方离婚，真要是为了孩子好，就看谁对孩子更上心，谁的经济实力更强，谁能保证孩子过上更好的生活、受到更好的教育，那孩子就跟谁。没必要为了自己的私心，拿孩子做筹码。

　　没有争到抚养权的一方，也不要觉得"孩子抚养权归了谁，孩子就属于谁"。你对孩子的权利和义务永远在，走出狭隘、放下怨念，为了孩子与前任和谐相处才是硬道理。

为了孩子，离婚后尽量和平共处

01 和平离婚，一别两宽各自安

我和前夫是和平离婚。离婚时，我们在财产分割和孩子抚养权的问题上很快达成了一致：我婚前买的房子以及房贷归我，他婚后买的房子、车子以及房贷归他。我们各自名下的存款归各自。孩子抚养权归我，他付抚养费。

我们离婚后，刚开始双方都处在一种应激状态，我们也有过矛盾，但离婚几年后，我们成了配合良好的"育儿合伙人"。前夫负责孩子的抚养费用，我管学习和生活。孩子平时随我居住，周末固定一天他接走。遇到事情一起商量，遇到问题互相帮忙。因为孩子的教育等问题，我们不得不经常联系沟通，时间一长，我们在不知不觉当中就建立了一种"以孩子为中心"的新型关系。在这种关系中，我们发现彼此反而比以前更加能够理解对方、谦让对方了，像半个朋友，也像半个亲人。

多年前，讲述再婚组合家庭故事的情景剧《家有儿女》很火，我觉得这部剧传达的价值观、育儿观挺正确的。夏雪、夏雨是两姐弟，他们的父母离婚了，俩孩子跟着父亲夏东海生活。夏东海在家务、育儿等方面参与程度特别高。刘星的父亲是胡一统，母亲是刘梅。他父母也离婚了，他跟随母亲生活，他爸姓胡，但是他跟妈妈姓刘。夏东海和刘梅各自带着孩子，组成了新家庭。他们与对方的孩子相处得非常好，两人都能将心比心、把对方的孩子视若己出，孩子们也乖巧懂事，尊重父母选择的伴侣。夏东海与刘梅也与各自的前妻、前夫相处良好，孩子们也成长得很好。

我一位定居芬兰的朋友，她和前夫离婚后，双方各自再婚，组建了新的家庭，但她和前夫依然可以带上现在各自的伴侣，为共同的孩子组织聚会、郊游，只是为了给孩子营造"父母都陪伴着你"的氛围。在某些人看来，这简直是不可思议的事情，他们认为，你若这么干，即便你对前任已经没有丝毫爱意，旁人看了也会认为你想复婚。

在一些错误思维中，"一忍再忍"才是经营婚姻的秘诀。通常来说，两个人要闹到必须离婚的地步，之前必然已经是水火不容、你死我活了。经营关系时，他们强调的是单方面的忍耐，而不是双方的"融合"。忍耐的后果是什么呢？就是你的心灵负担不会消失，反而是在不断地累积，到了一定程度就会爆发。而"融合"呢？是拿我的"自我"跟你的"自我"去"融合"，我不需要你忍耐我，我们之间出现了什么问题，就逐个突破。突破不了，也不强求，融合得了就是幸福，融合不了，那就好聚好散。

这种"融合"不会让我们有付出感和亏欠感，大家心无挂碍地相处，离婚之后也不会觉得谁欠了谁，自然也就能淡然地看待已经结束了的这段关系，接着就可以站在"为孩子好"的角度，真诚地去经营与前任的关系。

因出演《泰坦尼克号》男主角而红遍全球的莱昂纳多，他也是出生在一个单亲家庭里。在他不到一岁的时候，他妈就跟他爸离婚了。莱昂纳多跟了妈妈，但他的父爱也没有缺失。父母离婚后，两人租了两套有共同院子的房子，一起陪伴他长大。离婚后，他妈妈打好几份工，供他读书。看他对演戏感兴趣，爸爸妈妈也没有反对，而是竭力支持。他初入娱乐圈，也吃过很多闭门羹，但他父母从来没有打击他，而是鼓励他追求梦想。莱昂纳多的父亲后来再婚了，但父亲能把儿子和继母的关系协调得很好。后来，她妈妈也找到一个很适合她的男朋友。两家人现在时不时还会聚在一起。

我觉得，正常的离异家庭，就应该相处成这样子，而不应该离了婚就像结下了"世仇"一样，那样对所有人都是一种伤害。

02 离婚后，尽量避免节外生枝

我有一位女性朋友，她跟前夫离婚后，两人相处得还算可以，前夫会给孩子抚养费，时不时也来探望孩子。后来，她再婚，想让孩子改成跟她姓。她拿这个事情跟前夫商量了一下，前夫勃然大怒，明确说跟她说"如果你给孩子改姓，就不要怪我不爱这个孩子"。她担心以后孩子得不到父爱会难过，也担心孩子以后得不到父亲的资源支持，所以来问我怎么办。

这个问题，我从法理和情理的角度给她做了分析。

从法理角度，现行的法律是这样的——子女可以随父姓，也可以随母姓。一般而言，子女出生后，经父母双方协商一致后确定了孩子的姓名，因此，不管父母是否离婚，一方想要变更孩子的姓名，也应由父母双方协商一致，任何一方无权擅自更改孩子的姓名。也就是说，这位女士想要给孩子改名换姓，按法律规定，要取得前夫的同意。而她的前夫了解法律规定，他大概是明白这一点的：不管孩子跟谁姓，男方都有支付孩子抚养费的法律义务，于是就拿他可以控制的"给不给孩子爱"来要挟她。"爱"是个多么虚幻的词啊，很难定义，很难量化。而他的这些行为本身，就已经表露出了"不怎么爱"的要义。真正爱孩子的父亲，不会因为孩子改了姓名就不认孩子、不爱孩子了。

我支持每一位女性给孩子改姓、让孩子随母姓，这是女性敢于争取各项平等权利、树立女性意识的表现。我真心希望"随母姓"能够作为一件平常、正常的事被大家接受，但落实到个案，我觉得还需要结合当事人的情况"具体分析"。

如果你真的希望孩子"随母姓"，那么，在给孩子定下姓名的时候，就应该去争取。离婚时再来谈判这个问题，多多少少有点赌气的味道——不离婚，孩子就是"你家"的人，我让孩子跟你姓；离婚了，孩子就"跟你没什么关系了"，我让孩子跟我姓。如果你是这样想，那么改姓只是表象，你真实的心理动机可能想通过这件事情，实现孩子与自己的"捆绑"，与那边的"割裂"。

在这个案例中，她和前夫在孩子的姓氏问题上展开了博弈，在这样的拉扯中，他们"公说公有理，婆说婆有理"，他们"刀光剑影，展开决战"，但有没有人考虑过：孩子最想要的是什么？孩子想看到的是什么？孩子的利益是什么？

如果我是那个孩子，面临着这样的家庭变故，我自己心理上可能就已经遭受了比较大的冲击。这种时候，我可能根本不在乎自己"姓甚名谁"，但是，我很在乎我的爸妈是否还爱我，他们是否能妥善地解决好因离婚产生的所有分歧，是否能让我安然地度过父母离婚给我带来的心理动荡期。

很明显，他们俩在这个问题上是没有做到位的。

我自己的做法是，如果一个事情只对我产生微不足道的心理利益，但对孩子的成长不利，那么，这个事情我就不做了。这个决定跟"女权"议题无关，因为对我来说，肉眼可见的孩子的利益永远最重要。

改姓不是筹码，孩子也不是离异夫妻"擂台对打"的工具。眼下，我觉得比起"给孩子改姓"这样"难操作、高耗能"的事情，给孩子进行父母离婚后的心理重建、经济重建，或许更重要。

所以我给那位朋友的建议是：建议你把宝贵的时间、精力花在刀刃上。比如，帮助孩子度过这个心理动荡期；比如，多攒点、赚点钱应对即将到来的"寒冬"；还比如，寻求身边人的支持和帮助，让自己的生活重回正轨。至于改姓，等孩子十八岁以后，可以让她自己选择跟谁姓。也许，到那个时候，这就不是你和前夫的问题，而是她自己要考虑的问题了。

我还是那两句话：第一，好钢要用在刀刃上。第二，风物长宜放眼量。

03 让对方三分又如何

很多女性在离婚时，为了能尽快摆脱那段糟糕的婚姻和前夫的纠缠，她们就主动放弃分割财产，甚至忍痛放弃孩子抚养权，但我觉得，做这种牺牲没太大必要。我见过很多净身出户或是很在乎孩子却放弃抚养权的女性，往往因为这个冲动的决定，严重影响了后续的生活。当初快刀斩的乱麻，后续成了慢慢折磨她的丝线。

我的建议是：离婚时，该争取的一定要积极努力地去争取，不要过早放弃。如果实在争取不到，或是一味强求可能会导致孩子受伤害的话，让他三分又如何？

很多离异男女之所以没法在离婚时和平共处，是因为财产分割不均。原本不离婚的话，两人结婚越久，共同财产就越多，现在要离婚了，要分产了，每个人心里都会有点预期的。假设男方手握很多钱财，又做了一堆对不起女方的事，离婚时却只分给女方很少的财产，女方可能就心理不平衡。

我见过一对离异男女，离婚时为分割财产打得不可开交。男方冲女方嚷嚷："你就是一个家庭主妇，过去几年都没出去赚过钱。我给你分割这么多，已经够你和孩子用的了，你做人不要太贪婪。"女方则愤恨地说："我为你放弃工作、生儿育女、当家庭保姆几年，你对我不好我也忍了，但你居然提离婚。离婚可以，为何分割财产时如此抠门，态度上如此傲慢蛮横。"

女方认为男方分割给自己的钱财太少，就把男方嫖娼的事儿告知男方单位，男方在原单位待不下去了，只能辞职创业，双方也只能把分割财产的事情提交法院裁决，结果又在法庭里打得一地鸡毛。

法庭好不容易把夫妻俩的财产分割清楚了，可离婚一年后，男方因为做生意周转不开，暂时付不出抚养费，女方就向法院申请冻结了他的银行卡。生意人最怕流动资金枯竭，女方的这种做法对男方来说就是釜底抽薪。男方上门理论，女方叫来自己的亲戚助威，双方又一次大打出手。孩子哪见过这种架势，被吓得号啕大哭、瑟瑟发抖。

其实，像支付抚养费的时间问题，男方只要多跟女方解释几句，女方只要对男方也多一点儿体谅，可能就不会发展到让双方都很难堪的地步。但他们不，他们非要吵，非要争，非要打，每个人都要为一点儿小事搭进去更多的时间、精力、金钱、机会成本，最后只收获恶劣的心情，与对方的仇怨也再结深一层。

我把自己代入这个案例想了想：如果孩子爸爸哪天突然不支付抚养费了，我会先跟他沟通，问问怎么回事。如果他不解释、选择回避，那我会去调查。如果调查不到原因，那我会根据他平时的表现，判断他究竟是恶意拖欠，还是遇到了困难但不方便说。如果是后者，我应该不会起诉冻结他的财产，因为这样做，虽然法理上站得住，但对他影响巨大，不到万不得已，我不会走这一步狠棋。

我离婚时，闺蜜不理解我和前夫当初的财产分割结果，她说我明明有权分割他婚后买的房产和他在他家公司里的股份，跟他要精神补偿，但我全都没要，这是亏了。从法理上看，我当然是亏了，但我不觉得亏。首先，前夫婚后的房产实际上是他父亲出钱买的，也是他自己还贷，我对此没有任何的经济贡献，我不想让婚姻成为我合法掠夺别人财富的工具。法律上，那属于夫妻共同财产，但情理上，我没有分割这套房子的底气和缘由。股份也是一样的，虽然没多少钱，如果我主张分割，很有可能最后也分割不到或只分割到一点儿；但因为我"曾经提出来过"，这个举动一定会导致对方对我戒心大增、反感大增，导致我们双方关系紧张，不利于离婚以后我们为了孩子和平相处。

最后，我了解他的为人，他虽然对婚姻不忠，但人品不坏。我把这部分"在法理上我可以分割但我没主张"的权利放弃了，能让对方产生歉意。出轨这件事，他本身就对我和孩子有歉意；离婚时我只拿走自己的婚前财产，会让他形成第二层歉意。这两层歉意叠加起来，会让他想方设法把这些歉意补偿到我和孩子身上，后来他也是这么做的。从长远来看，我认为那样做就是值得的。这就是"以退为进"。

我在创作中多次写到前夫，而他对我的表达自由表示出了极大的尊重。前夫再婚后，我觉得自己做得也还算到位，几乎从不为"自己的事"给他添麻烦，希望他能尽量把时间和精力放在他现在的家庭里。并且我认为，我对另一个女人的这份尊重和善意，对方也能感知得到，然后最终会回馈到我的孩子身上——至少我的孩子周末去爸爸家，大概率不会因为我的原因，受到她的厌恶和薄待。

离婚是很考验人性的一件事情，需要你了解敌我双方的形势、了解对方的脾气和秉性，了解人之常情，而不仅仅是照搬法条，按照法律办事。在法理之外，还有情感，而人是由情感驱使的动物，所以，你做人做事得有一定的"弹性"。你可以只从利益角度出发去应对前任，但是，尽量不要去激怒他、不要勾起对方内心的恶，不然很容易反噬到自己和孩子身上。

04 不必为了追求和平而委曲求全

一位网友说她听了我的建议后，为了能和前夫和谐相处，为了把离婚对孩子得伤害降到最低，不知道承受了前夫多少侮辱。

这话听得我目瞪口呆。我的观点是离婚后应该"尘归尘、土归土"（离婚离的是夫妻关系不是亲子关系），倡导大家为孩子与前任和平共处，而不是鼓励大家为了孩子委曲求全，强行跟前夫制造和谐相处的假象，否则这跟"为了孩子在婚姻中打落牙齿和血吞"有何区别？

被前夫侮辱，当然可以有正常的反应和反击。陌生人无故踩你一脚，你都敢抗议，孩子爸爸羞辱你，你怎么能为了孩子就强行"一别两宽"？

我给她的建议是：你不要把前夫特殊化，把自己当人，也努力摆脱过去对自己的影响，把前夫当个新认识的人。你跟别人怎么相处的，就跟前夫如何相处。

夫妻离婚后，就只是抚养孩子这事儿上的合伙人。合伙人对你亲善友好，你可以投桃报李，但合伙人欺辱你、坑害你，你还"以德报怨"吗？

　　好的合作关系，是大多数时候对彼此有益，让彼此愉快的。一旦一方觉得屈辱，这种和平假象就不可能维持太久。真正会对孩子负责的父亲，不会因为你表现好而对孩子好一些，你表现不好就对孩子差一些。如若你遇到的是这样的前夫，只能说他更在乎的不是孩子，而是你的行为表现是否合他意。这样的话，就与你一直待在婚姻里委曲求全没有区别了，因为离婚了也没能让你过得更好。

　　刚离婚那一两年，我换了房子，所有的积蓄和收入都投进了房子里，经济上有点儿紧张，女儿的成长的确需要前夫的抚养费支援。虽然并不很多，但女儿的生活质量不会因为我换了房子而下降。

　　那阵子我和前夫常常因为交接孩子的地点问题闹别扭。比如，我让他去 A 地接孩子，他答应了，但是他是路痴，找来找去找不到目的地，他就开始牢骚满腹，认为我应该为他找不到路的烦躁负责。我心里非常不爽，因为我讨厌"遇到问题不首先想着解决问题，而是忙着去指责抱怨别人"的人，但我强忍着，不想跟他为这点儿鸡毛蒜皮的事起冲突。

　　过了小半年，买房子给我带来的经济窘迫慢慢缓解，我一想：不对啊，我不能因为怕他不给抚养费就受这种气啊。他给孩子抚养费是应该的，仅仅因为找不到交接地点就对我指责、抱怨，是不应该的。这是两回事。如果他因为我没有手把手教他怎么找路，就不给孩子抚养费，那是他的错误啊。

　　从那以后，每次他开口埋怨，我就立马回怼道："交接地点是我们共同确定的。如果你觉得不好找，你当时就可以直接提出更换地点。既然答应了，那么，顺利到达交接地点是你自己的责任，我没义务帮你找路。你也别把找不到路的烦躁发泄到我身上。"

有一次，我跟他因为女儿总是迟到的事情吵了一架。我母亲劝我收敛脾气，让我看在他愿意给抚养费的份儿上忍一忍，又不是什么原则性的大问题。

我说，这确实不是什么原则性的问题，我收敛脾气是应该的，但为什么要我"看在抚养费的份儿上忍一忍"呢？首先，女儿总是迟到、总是让他等，他不去批评女儿，而是冲我撒气。孩子耽误了他的时间，结果是我在承受责怪，孩子下次当然会继续不守时，因为她无须为此付出代价。如果孩子犯了错误，都是别人替她承担了代价，那她有什么改正错误的动力呢？其次，抚养费是给女儿的，也都是花在女儿身上的，我从来没将这些钱纳入我的资产来管理，那我何谈看在钱的份儿上忍呢？父母给孩子的亲职投资，应该是双方家长通过努力表现争取来的，一个因为不满前妻对自己的态度就撒气不给孩子抚养费的父亲，他才真正是不称职的，因为他分不清楚哪些事是大人的事，哪些事是孩子的事。明明前妻和孩子是两个不同的个体，他却将两个人视为一体，才会因他单方面判断的"前妻态度不好"而去惩罚孩子。

这种"能和平共处最好，若是彻底翻脸，我也不怕"的感觉，也挺好的。"吃得起苦，挣得到钱，狠得下心，斗得过狼"的人生，才更快意。

　　不必太在乎在外界所谓的"好名声"，而是要学会更关爱"自己的感受"。太在乎所谓的"好名声"，其实是很辛苦的，有时候你需要以委屈自己为代价。如果你遭遇了侵犯，依然选择"以和为贵"，不敢用"冲突和战争"去捍卫自己的边界，那搞不好将来你的孩子也会有样学样，任由他人入侵自己的生活，不敢反抗，凡事委曲求全。

　　其实啊，跟你生活在一起的孩子，也不愿意看到一个委曲求全、忍辱负重的母亲，而是更愿意看到一个容易快乐起来并能用这种快乐感染自己的母亲。衷心希望单亲妈妈们能挣脱枷锁，更多关注在意自己的感受，不为面子、不为追求他人的评价而消耗自己的精气神，而是进退得当，宽严适度，成就人生妙局。

缘深多聚聚，缘浅随它去

01 如果离婚后与前任关系紧张，拿时间换空间

　　一位妈妈在孩子几个月大时就跟孩子父亲分居了，离婚拉锯战打完后，孩子的抚养权判给了她，但男方从此心生怨念，把气撒到她和孩子身上。每次他把孩子带走，都只会把孩子扔给爷爷奶奶照看，他有时候还会虐待孩子。孩子被吓坏了，有了应激反应，看见父亲就怕。孩子不愿意去父亲那里，他就说是她不配合，于是向法院申请强制执行探视权。

　　这个案例中的爸爸只是把孩子当成给自己父母尽孝或是钳制女方的工具。他似乎根本不爱孩子，只是想赢过女方、给女方添堵。带着孩子彻底离开这个城市，对这位妈妈来说操作难度过大，我只能建议她多多注意收集孩子父亲虐待孩子的证据，减少孩子跟父亲接触的时间。孩子父亲要起诉和申请强制执行，整个流程也很烦琐，如果他愿意折腾，那就让他去折腾。拿时间换空间，他总有累的一天。

　　几年后，这位妈妈跟我联系，说她前夫终于放过她和孩子了。

　　在现实生活中，我们不难发现，离婚前后一年，是抢孩子、

藏孩子的高发期。那时候，离婚男女对彼此的怨怼、防备心非常强。过了那两年，两人要么习惯了，接受现实了，要么懒得折腾了，累了。很少有人能把抢孩子、藏孩子这事儿做上一辈子。

我和前夫没抢过孩子，也没藏过孩子，但离婚之前我也担心他会跟我抢。现在离婚几年了，我一听说他要过来接孩子，几乎想把孩子"双手奉上"，对他说："快！你快把孩子领走！最好多带几天再送回来！让我清净两天！"

离婚后一到两年，被离婚影响的所有人，在心理上都会经历一个动荡期，大家都会因为曾经熟悉的人和事变得不可控而产生应激反应，对彼此容易产生敌对情绪。但这种状态，不会是常态。剑拔弩张的状态绷不了太久，人生像一条河流，中途起伏跌宕，但最终都会流入大海，归于静寂。

我不相信人性本恶，也不相信人性本善，但是我相信人性本软，相信人心本脆弱。许多人也不是说随着时间推移会变好，而是随着年龄增长，人都会变得更脆弱，开始觉察人生秋凉，开始感受到越来越多的失控感，开始发现现实没法支撑他为所欲为，这才开始对因果报应等东西生出敬畏心。

因为有这些案例在先，我经常劝慰那些想不通"前夫何以会做伤害孩子的事"的女性：暂时解决不了的问题，就把它交给时间。某些事发生以后，当下可能会让我们感到很痛苦，而你又做不了什么。这种时候，请告诉自己：等待和忍耐，其实也是努力的一部分，也是一种"解决办法"。

人生是一场长跑，不必着急那一时半会儿的"不占上风"。

02 世事不可强求，一切顺其自然

我的一个朋友，她刚跟前夫离婚的时候，曾经咬牙切齿地说希望这辈子都不要再见到他，可两个人在同一家公司，抬头不见低头见的，这愿望怎么可能达成呢。

离婚三年以后，两个人所在的部门合作搞一个活动，当时我这个朋友主动迎了上去，拍了拍前夫的肩膀说："你好像长胖了点？这周末记得来接孩子啊。"

她的口气完全像在跟一个多年未见的老朋友说话，她这是真的释怀了。

这世界上真的没有人值得你恨他那么久。不管你内心里有多少怨怼和愤恨，那个人、那段关系已经远去了，我们不能带着这种"被伤害感""被亏欠感""被辜负感"过一辈子。

我倡导所有单亲妈妈尽快释怀，为了孩子跟前夫维持一段良好的关系，但我也深知：这种关系并不是靠自己单独的努力可以做到的。友好的关系，是双方共同经营的，所以也不必过分苛责自己。孩子和爸爸之间有怎样的缘分，那是他们双方的事。作为母亲，永远不要将自己的喜恶、爱憎凌驾于孩子的感受之上，他们父子、父女如何相处让他们自己做主，我们大度地配合就好。

生活在这世界上，我们别想着去改变别人，最多只能影响别人，但若是影响不了，能怎么办？我们只能调整自己，只能对孩子说："妈妈能为你做的就是这些了，该争取的都争取了。剩下的，就顺其自然吧。"

我特别喜欢一首歌，名叫《Whatever Will Be, Will Be（顺其自然）》。这首歌里有句歌词"我问妈妈，长大以后我会怎么样，会英俊吗？会富有吗？妈妈说，世事不可强求，一切顺其自然吧"时，我听了真的非常感动——为这种创意，为它传达给孩子们的人生态度。

很多人接受的教育是：你会成功的，你会幸福的，你一定行的……好像不这么说就显得不乐观、不积极。长期被这样教化的结果，就是导致很多人无法接受挫败。还是这句歌词更好——"世事不可强求，一切顺其自然吧"！

我认识一位快退休的姐姐，她曾经很爱她的前夫，但那时候前夫并不懂珍惜，做了很多伤害她的事情。她和他拉扯了十年才离成婚，她又用了十年的时间去"疗伤"。

在这十年里，她过着清苦而辛酸的生活，独自把他们的孩子抚养大，花光所有的积蓄供孩子上大学，资助孩子买房……她说她每年回家看望父母，火车一经过那个充满伤心回忆的小镇，她就会泪如雨下，没有怀念和不舍，只有委屈和心酸。

她的前夫在他们离婚之前就出轨了，有很多年的时光里，他心里对她没有丝毫的歉意和忏悔，甚至觉得过去是她对不起他，因为她不能容忍他找第三者。

直到最近，前夫的母亲去世，他的现任妻子与他间隙加深，他才开始反省自己的第一次婚姻。前夫来广州出差，顺便去看她。头发花白的他看着同样头发花白的她，头一次泪如雨下，真心向她忏悔。这让她很意外。但也就是那一次之后，她才觉得自己压在心底的怨恨消散了。她终于释怀，他也再没在她噩梦里出现。

这位姐姐的案例，或许代表不了什么。换一个人，走出背叛和离婚阴影可能并不需要那么长的时间。但是，我真的觉得，每个被伤害过的人，其实都需要一句"对不起"。这句"对不起"，真的有疗愈的力量。只不过，有些伤害了别人的人，到死都不觉得自己错了，自然不可能说抱歉。而被伤害过的人，也只能"算了"。

我曾经把上述这个故事发在微博上，点赞最高的评论是——没有代价的"对不起"毫无意义，不如先把供孩子上大学和给孩子买房的钱的一半，一次性转过来。

不过，这明显不是年过半百、即将退休、对人生已经开始认命的人的心态。这种心态，在刚离婚的年轻人身上常有，但在年过半百的人身上已经少有。不同的年龄段，我们的心态是不一样的。

对这位姐姐来说，前半生的折磨沧桑，不管自己是否愿意受，都受过来了。人生的下半场，她连争辩都嫌浪费力气。

年少时的"故事"，已经演变成"事故"，每个人可能都要经历自己生命中的一场"大台风"。大风过后，一地狼藉，你只能捡起某个没被台风破坏的物件，宽慰自己道："还好，还好它没坏，还能用。"

年轻时莽撞的选择，会影响中年。到了中年，我们知道眼前这残局只能自己来收，于是，大多数中年人在收拾残局时都会有释然的心态。

　　人到中年，正是因为深切地领会过每个人都不容易，才要给别人自我救赎的机会。每个人都可能会犯错，都有可能想找到那条改过自新的路。如果你愿意给别人摆脱内疚感的机会，这也算是一种慈悲。时间会让你渐渐明白，放下对方不爱你、不心疼你的这件事，并不是很难。你放下，不是便宜了对方，而是为了让自己的内心能够平静，能够更从容、更自信地面对今后的生活。

　　要知道，"宽恕"才是情感世界里常常会被提醒、被关注、被运用的最有力量的两个字。人生说到底，就是一个不断放下的历程。

争取孩子抚养权，风物长宜放眼量

01 不爱孩子，才会把孩子当成报复前任的工具

一位女网友因无法忍受前夫嗜赌而提出离婚，但她丈夫不愿意离婚，她只能先从家里搬出来，打算诉讼离婚。她前夫强行把孩子留在身边，但是不好好照顾。他只是看准了她心疼孩子，进而试图靠折磨或伤害孩子的方式，逼女方放弃离婚想法。最过分的是，他竟把孩子锁在家里，不让孩子去上学，说是女方答应不离婚，他才让孩子去上学。

我的一位小学同学和前夫离婚后，孩子跟着前夫生活，但前夫和婆家把分裂家庭的责任归到女方身上，不停向孩子灌输"是妈妈造成家庭破裂""妈妈是为了追求新的幸福才抛下他不管"，导致孩子对自己的妈妈充满仇恨。

我的一位朋友，她当年跟她丈夫离婚，两个人在孩子抚养权的问题上相持不下，官司打了一年依然无果。也就在那个时候，孩子出了交通事故，双腿截肢了，男方什么也没说，立马爽快地在离婚协议上签了字，放弃了对孩子的抚养权。他真是很离不开孩子么？不是，他只是想赢了前妻，而孩子是他夺取胜利的道具和筹码。

我的舅舅早些年酗酒，酒后就家暴舅妈，舅妈还曾在孕期被

家暴。舅妈忍无可忍，起诉离婚，儿子判给了舅舅，舅妈带着女儿回了娘家。舅舅知道舅妈心疼儿子，就用各种方法折磨儿子。他的想法很简单：你不和我复婚，不回来继续跟我过日子，那我就折磨你的儿子。舅妈早些年也不忍心，又回来跟舅舅过了几个月，但舅舅根本改不了。舅妈终于绝望，带着女儿远嫁他乡。舅舅去骚扰她的成本变高，而且还顾忌另外一个男人，终于消停了。

恕我直言，我觉得上面这几个男人实在是愚蠢和自私。因为愚蠢，所以无法正确归因，总认为造成自己离婚的原因，是前任坚决离婚，而不是自己有错。因为自私，他们无法把孩子当成一个独立的个体，只是把孩子当成报复前任的工具。

上述几个离婚案例，对女方来说是解脱，但对男方来说是巨大的损失。毕竟，在前段婚姻里，他们是受益方，不停地靠蚕食女方的利益来滋养自己。一旦女方不再参与这种游戏，主动退出，对于他们就无异于釜底抽薪。他们顿时像被抽走了气的气球，再无法面对人生的溃败。

他们离婚后过得不大好，或物质不如意，或心情不如意，便认为造成今天这一切的罪魁祸首是前任。如果前任过得比自己好，心里顿时就不平衡起来。心理一旦失衡，他们就必须要发泄，而前任是最好的靶子，孩子是最好的报复工具。

前妻已经跟他离婚，于情于理于法来说都跟他再无干系，这些人找不到报复的理由和借口。但是，他们多了孩子这个筹码，他们会想：你不是爱孩子么？那我就通过折磨孩子、伤害孩子的方式，让你难受。前妻的难受，会让他们获得快感，这种快感，可以抵消他们被离婚的痛苦。

他们的这种行为，本质上跟坏人绑架孩子勒索钱财没什么区别。只不过，在法律上，陌生人绑架和虐待了你的孩子，必须要负法律责任。而孩子的爸爸对你的孩子做些坏举动，你却可能拿他没办法，因为他拥有监护权，因为他不为钱财，只为让你难受，而你很难找到对方伤害孩子的证据。这种人把孩子霸占在手里，只不过是为了要挟和报复对方，甚至是享受和前任拉锯、纠缠的感觉，跟"爱孩子"一丝一毫的关系都没有。

02 如果实在争不过，可以适当放手

一位过来人跟我聊起当初她跟前夫的离婚拉锯战，两个人为争得孩子的抚养权离婚离了好多年，最终是她决定放手。这就跟两个人抢孩子似的，孩子夹在中间被拉扯来拉扯去，怕弄疼弄伤孩子的那个人肯定会先放手，而先放手的那个人可能才是真正更爱孩子的人。

为什么一个人会打着孩子的名号去纠缠、骚扰另一个与自己再也毫无关系的人？很大程度上是因为他能从这种纠缠和骚扰中得益。你的"痛苦反应"，能给他带来快感。面对这种人，最好的处理方式就是不让他的纠缠和骚扰行为得到"鼓励"，而是让他自觉无趣。

面对蛮不讲理、胡搅蛮缠的人与你纠缠、无事找事，你可以有两种选择："打"得过，就收拾到他害怕（包括借助法律手段），

让他不敢再犯；"打"不过，就逃走、远离，对他视若无睹，把自己变成石猴。

　　如果你不幸遇上这种把孩子当报复工具的前夫，的确是一件很棘手的事情。有条件，就带着孩子逃离；没条件，就坚决不接受要挟。哪怕再心疼孩子，也要装出毫不在意的样子。当你的反应不再能带给他报复你的快感，他就可能很快因为这种游戏变无聊而放弃了。

　　希望那些将孩子作为要挟和报复前任的工具的父母能够明白，夫妻关系解除了，但你还是孩子的爸爸和妈妈，还是要承担好爸爸或妈妈的职责。而作为父母，最基本的自觉是：把孩子当人，而不是工具。即使剥离了丈夫或妻子这层身份，你也还是一个"人"。而一个"人"最应该有的认知是：离婚不是世界末日，不过就是两个人到了某个路口，换别人陪自己走，或自己一个人走。

　　很多离异爸爸争取到孩子抚养权后，就把抚养义务转嫁给了自己的父母。所以，我一直倡导，划分子女抚养责任归属时，不要称呼"抚养权"而是要称之为"抚养义务"。"权"，大家都想争，争到了是"赢"的表现；称为"义务"的话，大家会想推脱，也能让争取的人明白抚养孩子是"义务大于权利"的一件事。

03 争取不到孩子抚养权也没关系，风物长宜放眼量

　　前段时间，一位网友在私信里跟我表达了这样的困惑："我是一个离婚女人，有一个三岁的女儿，她和她爸爸、爷爷、奶奶一

起生活。我没有经济能力给她更好的生活，所以我忍痛把女儿抚养权让给她爸爸了……如今，我争取到一个非常好的、去国外工作的机会，收入也很可观，就是有些顾虑，我担心我女儿将来不会想和我在一起，也不会认我，怎么办？前夫家和我的关系很不好，我担心他家里人会灌输一些不好的东西给我女儿，这是我最大的担心，你能给我一些建议吗？"

类似这样的求助，我遇到好几个了。夫妻双方走到必须要离婚的这一步，面临着"孩子跟谁过"的问题。大多数妈妈在离婚时，都会选择要孩子，不过孩子跟随父亲生活的情况也有许多。孩子跟随父亲生活，若是离异双方能和平相处，母亲能时常去探望孩子，倒也挺好。可现实生活中，很多婚没办法和平离，离婚后双方也没法和平相处，甚至得到孩子抚养权的那一方会拒绝另一方的探望，甚至会给孩子播种对另一方的恨意。给我发私信的网友，就是这种情况。以当前的情况来看，她根本没有更好的选择。孩子跟随父亲生活，已经成为一种肉眼可见的"现实"。"孩子父亲会给孩子灌输对妈妈的仇恨"的担忧，也不是"空穴来风"。

摆在她眼前的只有两条路：第一，留下来继续这样生活，期待前夫一家"大发慈悲"，不给孩子灌输太多的仇恨，将来好母女相认。第二，勇敢去争取那份高收入的机会，先改善经济状况和生活处境，再来考虑亲情问题。

每个人的处境、决心、想法不同，所以我没法给她具体的建议，但换作是我遇到这种情况，我可能会选第二种。既然不管留下来还是出走，前夫和婆家都有可能会阻挠我见孩子、认孩子，那我倒不如先让自己变强大一点儿，将来处理亲情问题时会更有主动权。

这些年，我见过太多女性离婚后不敢活出自我，总觉得孩子不能跟自己生活是她的错，后半生一直在对孩子的内疚感中度过。她们不敢过得好，认为自己过得好了，就是对不起孩子。

还有的女人，一旦婚姻破裂，重心就完全放在了孩子身上。没有孩子在身边，她宁愿死也不能接受。因此，不管她自己的经济问题有多糟糕，不管她有没有物质与精神方面良好的育儿条件，她都一定要争取到孩子的抚养权，因为孩子是她的"命"。

我认识一位妈妈，就是这种情况。夫妻俩离婚后，为了争夺孩子的实际抚养权（法院已经判决了孩子归父亲），在幼儿园门口展开了"抢孩子大战"。那种阵仗，把孩子吓得哇哇大哭。一旦偷偷抢到孩子，她就带着孩子东躲西藏，可前夫那边也坚决不放手，隔三岔五来抢孩子。因为这件事，她变成了惊弓之鸟，精神高度紧张，孩子也终日生活在恐惧之中。她的律师劝她干脆放弃孩子的抚养权，先安心发展事业，可她完全听不进去。我觉得孩子遇上这样的父母，简直太遭罪了。

我曾经也劝过她：如果你前夫是这种抢不到孩子誓不罢休的人，你干脆把孩子给前夫抚养吧，这样下去，只会搞得你们彼此不信任。原本孩子归了一方，另一方可以时不时来探望，但因为双方都有了"对方一接触孩子，就会把孩子抢走"的心理阴影，即使一方抢到了孩子，也只能选择拒绝另一方的探视。可这真的是对孩子好吗？恕我直言，你们抢的根本不是孩子，而是自己的"私有财产"，是"赢过对方"的胜利感。

她回答："孩子是我的命，没他我活不下去了。我是母亲啊，哪个妈妈会抛下自己的孩子啊？孩子给了他，人家会怎么看我啊？"这话听得我毛骨悚然。一个把孩子视为"自己的命"的母亲，一个担心自己抢不到孩子抚养权就被别人另眼看待的母亲，真的能把孩子培养好吗？

再者，孩子归前夫抚养，并不等于让你"抛下孩子"。你更在乎的，是孩子能不能成长得好，还是"孩子给了前夫，你就成了一个所谓不合格的母亲"？

我知道，很多把孩子给了没法跟自己好聚好散的前夫的女性，都会有"将来孩子可能不认自己、不跟自己亲"的担心。可是，很多担心是多余的，都不是事实。即使是事实，这种担心也只是存在于当下的情况，而人生是很漫长的。

没有人能长长久久地对抗另外一个人，因为人长期身处剑拔弩张的关系，都会产生疲累感。那些离婚后发生"抢孩子大战"的，能抢上个五年、十年吗？不管双方的关系曾经多么紧张，最终都会有尘埃落定的一天。人的时间、精力有限，谁还能一直生活在"战争状态"？育儿是一件极其耗费时间、心力的事情，若有人愿意施以援手，正常人都不会拒绝，或者说没太多力气去反对。

我认识的一个姐姐，她在早些年离婚时为了跟前夫争夺孩子的抚养权，打官司打了好几年，后来，她争不过，也担心两人这样拉扯对孩子影响过大，她就主动选择了放手。离婚后三年多，前夫开始允许她去探视孩子，再后来甚至主动创造条件让母子俩相见、相处。

时过境迁，大家的心态都在变。除却那些穷凶极恶的人，大部分人年纪越大，越容易心软，越想放下心里的执念。某一方或双方都想通了的时刻，就是大家和解的时刻，虽然可能这一天来得晚了一些。

把"暂时见不到孩子"这事儿放到人生长河里看，你的焦虑感会大大减轻。人生太长了，不必非要争那三年五年的"胜利"，放到三五十年的时间维度来看待这些事情，你会发现峰回路转的机会其实不会太少。

况且，孩子也会长大，他们会很想知道自己的"来处"，也希望能得到父母的肯定和无条件接纳，想知道父母没陪着自己长大的原因，希望自己被原生家庭伤害的委屈能找到机会释放。

如果你失去了陪伴孩子长大的机会，那么，完全可以换个思路：先发展自己，等自己实力强大了再谈其他。

孩子也是崇拜强者的，跟我们大人并无不同。那么，你认为将来他们会喜欢一个一无是处的、活在内疚感中的"失败者"妈妈，还是会喜欢一个光芒四射的、能把自己生活打理得很好的"胜利者"妈妈？答案显而易见。

我身边确实也有这样的案例。我的一个闺蜜当初身无分文被婆家赶出门，孩子也不能见，后来她铆着劲儿发展事业。五年过去，前夫混得越来越差，而她状态越来越好。她时不时偷偷去探望孩子，孩子非常高兴有这样一个令他骄傲的妈妈来看他，非常亲近她。再过几年，孩子主动提出来要和妈妈在一起生活。

谁不喜欢更好的生活呢？孩子也喜欢。因此，为了一个可以探望孩子的渺茫希望，而放弃更好的发展机会、放任自己在困境中，在我看来是不明智的。

我不是"站着说话不腰疼"去给出这样的建议，而是真心希望女性不要随意被"母亲就该……，否则就不是个好母亲"这样的条条框框支配。学会理性，学会像强者一样思考，你也可以活得充实而自由。

"牢骚太盛防肠断，风物长宜放眼量。"这句诗也送给每一个有类似困惑的你吧。

如何面对针对离异人士的歧视和恶意

01 自己不介意，别人就伤不到你

作为一个离异女性，这几年我深切感受到有些人在我面前的那种莫名的优越感。

印象最深的是有一回，一个熟人听闻我离婚，携了他的爱人硬要请我吃顿饭。既然是吃饭，必然会聊及我的离婚问题。令我感到意外的是，这顿饭最后变成了这对"模范夫妻"对我的"批斗大会"，中心思想只有一个：我这个人做事太冲动，性格也不好，挑男人眼光差不说，还对男人缺乏最起码的了解。女方的中心思想更加明确：你要如我这般生活，才能获得成功的婚姻。

我心里仿佛有万马奔腾，边喝茶边想：你们请我吃饭是来安慰我的，还是专门制造个机会来羞辱我的？虽然心里已经非常不悦，但我还是表现出了最起码的礼貌，没有即时发作。吃完饭，互相道别的时候，我终于忍不住半开玩笑半认真地当着男方的面跟女方说了一句："如果让我在你老公和我前夫之间再做一次选择，我还是选择前夫吧。"

另一回，也是一个年长我十几岁的熟人，加了我的微信。当时，我离婚不久，伤痛还在，所以有时候免不了会在朋友圈如实记录稍显愤懑或幽怨的心情。

这个熟人有一天终于忍不住跟我说："你别写这些东西了，看了让人心情不好。"我说："我挺爱看电影，但如果一部电影看了让我心情不好，我只会怪自己干吗要买票进影院，而不会去要求导演不要再拍这种片儿。何况，看电影是要买票的，而看我的朋友圈您可没花钱哦。"我认为，我在自己账号上写什么、说什么，是我的自由。既然你看了会心情不好，为什么解决方式不是你不再看，而是要求我不要再写？

对方也很不悦，恼羞成怒地跟我说："我吃过的饭比你吃过的盐都多，我劝你做人别太刚愎自用。就你这种性格，再离几次婚都不奇怪。"

话说到这份儿上，也没继续交往下去的必要了，我一声不响拉黑了他。

这样的人，其实我生活圈子里遇到的并不多，但真要遇上一个，跟他说三两句话，便已足够让我感到闹心。比如，我要是不小心搞砸了一件小事，他就会把这件事跟我"离婚"的事情联系起来，组成一个可以论证我很愚笨的证据链，仿佛我的人生经历了离婚这一次变故，我就要被他们永远钉在历史的耻辱架上，他们从此便可以居高临下地指点我的人生、鄙视我的任何一次抉择了。

大概是因为我从来不以离婚为耻，并且数次大方谈论这些问题，所以我感受到的专门施加给离异女性的打压和恶意格外多。大家能想象到的、所有针对离异女性的恶意，我都切切实实经历过、承受过。

在社交媒体上，我几乎每天都被陌生网友问候三遍"怪不得你离婚"。我提出来的某个观点，某个网友不同意，就会说："怪不得你离婚！"某一次合作，对方给的价格太低，我拒绝了，也被对方回敬一句："怪不得你离婚！"

他们可能觉得离婚是一种耻辱，以为把"怪不得你离婚"这话说出来就能伤害到我，殊不知离婚对我而言只是一种经历。它对我的杀伤力，不过就像动了一场手术。

我从来没把一场手术视为我人生的耻辱，当然也没把离婚这事儿当成什么耻辱，更不觉得自己因为离了婚就比人低一等。最重要的是，我既然把离婚这事儿公开，就有能承受所有非议的胸怀。这是我人生中的一部分，我自己都不介意了，别人自然也伤不到我。

02 女性最大的价值，不是"有男人要"

女性最常受到攻击的话，可能有三句：

"怪不得你嫁不出去！"

"怪不得你离婚！"

"怪不得你男人不爱你！"

你外貌或身材太一般或太好，你性格强势或软弱，你善良或狠毒，你喜欢养猫或养狗，你太有钱或太贫穷，你喜欢看电影还是看肥皂剧，你是律师还是护士，你有洁癖还是有点儿邋遢……似乎都能成为"没男人要"的理由。

如果一个女人在婚恋方面活得"不主流"，在有些人眼里便是"人生失败"。一个女强人，为人不错，工作能力也很强，但如果她离异或单身，有人就会说"一个女人那么强干什么呢？还不是这样没人要"。这类话语成了某些人攻击一个女人最简单且直接有效的方法。

持这种观点的人，大概是认为女性最大的价值就是"有男人要"，"没有男人要"，那就是失败的，低其他女性一等的。

成功的男士即使情史丰富，这种人也只会觉得他风流倜傥，并不会将他的成功归因于其他人。

可成功的女性则不然，一个女人若有所建树，有些人就会想：她很有可能做了什么有违道德的事情或是依靠男人的事情。如果她的情史稍微丰富点，他们就会觉得她是靠某些不正当手段上位的。女性的努力，总是更容易被抹杀。如果她长得稍微漂亮点，那些人就更不会关心她为了自己的事业到底洒过多少汗水，流过多少泪，闯过了多少关，迈过了多少坎儿，而只会臆测她是怎样靠男人才能走到今天这一步的。

在这样一种话语体系里，一旦一个女性不以柔顺、乖巧、符合男性审美的面目出现，他们所能做出的最快、最直接的反应就是对她的私生活进行攻击和质疑。

作家刘瑜说过，如果一个女人和这个世界的关系都是通过男人发生的，那就会是件很可怕的事。我也认为，把自己的人生价值寄托于"有没有男人要"这事儿上，才是真正的悲惨。

父权社会中的话语体系，是为维护男权统治秩序服务的，所以女性成了由这种话语体系建构的"他者""第二性"。在这样的社会与文化背景下，女性想在舆论中获得更多话语权，还有很长的路要走。

在这之前，我认为女同胞们需要做的就是：当一个女性好不容易从男权话语体系中突围，为女同胞们说话的时候，你应当积极发声，和她一起抵抗不公正的性别攻击。请就事论事，而不是不自觉地以最大的恶意去贬低同性，以获得可怜的优越感。

03 勇敢面对"没眼光"这种苛责

离异人士最常承受的一种攻击，还有一句："你之所以离婚还不是因为当初自己眼光太差，没挑到优质男人。"

可是，谁能保证自己一辈子眼光好呢？你可以反问他："你眼光好，怎么不在房价低时借钱买入几套房子，在股市低迷时买入大量股票，在创业黄金期借钱创业？"

人之所以有局限，就是因为人不是神，无法预测未来，不知道当下做出的选择到底对不对。优质男人的标准是什么？怎么挑？那些结婚后又带着孩子离婚的单亲妈妈，在决定和前夫结婚生子时，哪个不认为自己会拥有美满婚姻呢？我们平时买菜都有可能买到表面完好但内部有蛀虫的烂番茄，何况挑选结婚对象。

现实生活中真的有很多人把运气当成"自己足够聪明、努力"，却忽视了"谋事在人，成事靠天"这一道理。

就拿我来说，我认为我能走到今天，运气占了很大的成分。

我父母虽是农民，穷得叮当响，但他们重视知识和文化，也不重男轻女，让我得以靠读书改变命运——这是运气。

上小学，我进的是实验班，师资和生源都比其他班好。而当时分班是老师随便分的——这是运气。

2009 年，因为单位不提供免费住宿了，我觉得每个月交的租金不如拿去还房贷，所以买了房子；2014 年，孩子出生后，房子不够住了，我就换了房子，根本没想到 2015 年广州房价会翻番——这也是运气。

至于创业，我也是赶上了行业内一小波风口的尾巴。一开始创业的时候，我也没想那么多，毕竟，自己只熟悉和擅长这个行业。

在很多关键节点上，我都踩对了点，但很多时候就是误打误撞，就是运气的成分更大。

就拿写作这事儿来说，比我写得好、懂得多的人，也多了去了。有的人没出名、没被看见，真不一定是实力弱，而是差点运气。

对待人生诸多事情，我一直都持"尽人事，听天命"的态度。我不放弃努力，但是，也不会完全把自己得到的一切都归结于我足够聪明、足够努力。

我身边那些优秀、成功的人，每次谈起自己的成就，也大多将其归结于运气。而且，他们对于运气是存了点儿敬畏心的。换而言之，他们不认为这种好运会持续终身。

只有自大的人，才会得到一点儿成绩就优越感满满——因为得到一点儿财富，就认为自己聪明绝顶、财商超群；因为拥有了一个好爱人，就认为自己一定比同性优秀、体贴；因为生出一个优秀的孩子，就认为一定是自己的教育方法得当。

人生很多事情，本就是聪明、努力和运气共同作用的结果。那些嘲笑他人"没眼光""选错了人"的人，显示出来的只是他自己的狭隘罢了。

04 精神内核稳了，就无惧外人的眼光

这些年，我见过太多担心自己离婚后被人歧视、担心单亲孩子会被特殊看待的人了。可这种担心，很多时候可能是因为你精神内核不稳，以及惧怕外界的眼光和舆论。

在这个世界上，歧视和偏见无处不在。贫穷、残疾、地域，什么都可能成为偏见的由头。所不同的是，你是选择自己勇敢直面，还是为将就别人的偏见而选择矫饰、回避。

有些人面对和处理这些偏见的方式是——我要改变、矫饰自己，以让别人消除对我的偏见。自己家穷，而别人对穷人有偏见，那我就强行假装富人；自己离婚了，而别人对离异家庭有偏见，那我就假装"没离婚"；自己学历低，而别人对学历低的人有偏见，那我就学历造假；自己长得不好看，而别人对丑人有偏见，那我就去整容。

可是，我们为什么一定要拿别人的标尺来衡量自己的人生呢？我们为什么一直要活在别人的价值评判体系里呢？人该有自己的价值观。与其永远围着别人转，何不以自我为圆心，以自己的能力为半径，划定一个以自己为主场的能量场呢？

我的女儿在学校里和课外培训班里可能也会遇到对她有偏见的人。但她还在很小的时候,我就教给她:要接纳自己不能改变的一切,别人若是因此对你有偏见,那是别人的悟性、品德有问题。

当一个人确立了这样的价值观,自会在周围形成一种气场,这种气场自会镇住那些心有偏见、忍不住去评判别人人生的人。换而言之,你是要做恒星,还是做卫星?"质量"小、价值观不坚定的人,那自然只能做围着别人转的卫星。

我们不是站在舞台中央、接受万千人审视的人,事实上,我们的人生舞台上,最有耐心看我们表演的观众只有自己。

怎么向孩子解释
"父母离婚"这回事

怎么跟孩子解释父母离婚

01 大大方方跟孩子聊离婚

我的一位女性朋友前一阵跟前夫和平离婚了，有一个刚满八岁的儿子归她抚养，目前她还没有对孩子说出父母已离婚的真相。她很困惑，跑来问我："怎么和孩子说父母离婚的问题呢？"

我女儿还很小的时候，也曾经说过类似的话："妈妈，我希望爸爸下班后来我们家住。我们三个人住在一起，就跟大头儿子一家一样。"她当时说完就没事儿了，而我听到这席话，却是好一阵鼻酸。我只能告诉她"妈妈知道啦"，然后把她的愿望再重复一遍，表明她表达的心情我都知悉了。对于这个阶段的孩子而言，我这样的反应或许已经足够，她知道自己表达的情绪能被妈妈理解、接纳，也就不再纠结这个问题了。

那时候，我被女儿问到"爸爸为什么不和我们住一起"之类的问题，会觉得心里像中了一枪，因为那时我心里很在意这个事情。那时我觉得孩子不能成长在完整而幸福的家庭里，是一个天大的缺憾。后来，我之所以能举重若轻地回答这个问题，并趁机给她讲个故事，是因为我打从内心里觉得：这不再是一件大事。

　　我跟前夫在女儿不到一岁时就协议离婚了，女儿三岁前也曾好奇为什么我们的家和别人的家不太一样，我最常给孩子讲的是这样一个故事。

　　"小鱼生活在水里，它最喜欢游泳，最开心的事情是跟其他鱼类玩耍。小鸟生活在树林里，它最喜欢飞翔，最快乐的事情是跟其他的鸟类玩耍。小鱼和小鸟是不太可能成为好朋友的，因为小鱼不会飞，体会不到飞翔的乐趣，它如果飞向天空就会渴死；小鸟不会游泳，也体会不到在水里游泳的乐趣，它要是学游泳就会被淹死。

　　"小鸟去池塘边喝水的时候，可能会遇到一条小鱼，然后它们两个在一起玩了一会儿，但随后各自都要回到自己家里去找妈妈、找同伴，不可能长久地住在一起玩耍。只有回到自己的天地中，小鸟和小鱼各自才很开心。

　　"我们人也是一样啊，有的人像小鸟，有的人像小鱼。爸爸像小鸟，妈妈像小鱼，我们都要住在自己家里才开心，才活得好，所以你也希望爸爸妈妈开心对不对？你也是啊，幼儿园里那么多的小朋友，各有各的不同。但是，你也会更愿意和那些喜欢你、能跟你玩到一起、能让你感到开心的小朋友一起玩，是不是？"

　　女儿听了这个故事，似懂非懂地回答道："哦。那我喜欢跟让我开心的小朋友玩。"更多的时候，往往我还没讲完，她的关注点已经集中到"小鱼为什么离开水就会死""小鸟为什么会飞"这一类我需要绞尽脑汁才能回答的科学甚至是哲学问题上了。

再后来，我把这个故事写进了《妈妈家，爸爸家》那本绘本里。

孩子上幼儿园之后，也会遇到一些人际关系问题，我又给她编了另一个故事。

"从前有只北极熊认识了一个新朋友，它是来自沙漠的骆驼。它们俩上网聊天，聊得特别开心，就邀请对方去自己家里玩。

"有一天，骆驼来到了北极熊的家，发现那里冰天雪地，冷得它都快受不了了。而且，北极熊的家里只有鱼可以吃，而骆驼只喜欢吃草，它在北极熊家里住了一天就离开了。

"后来，骆驼邀请北极熊到自己沙漠中的家里做客，北极熊一去到沙漠里，就非常不习惯。它身上长了厚厚的毛，热得快受不了了。沙漠离大海很远，北极熊也吃不到它最爱吃的鱼，所以它也只在骆驼家里待了一天就回去了。

"以后，北极熊和骆驼就只上网聊天。在网上，它们俩依然是很好的朋友。这个故事告诉我们什么道理呢？我们交朋友的时候，不一定要求别人跟我们一样，尊重彼此的这种差异性，大家也能成为好朋友。"

我女儿听着听着，忽然来一句："北极熊和骆驼，就像你和爸爸那样吗？我和我最好的闺蜜也是这样对不对？比如她喜欢吃猕猴桃，而我更喜欢吃荔枝，她不强迫我吃猕猴桃，我也不强迫她吃荔枝。"

我大笑着说："恭喜你，都学会抢答了！"

女儿大概五六岁的时候，曾歪着头问我："那为什么我是跟妈妈一起住，而不是跟爸爸一起住呢？"

我正思索着该怎么回答她，她忽然拍着手说："哦，我知道了！"

我问："你知道什么了？"

女儿回答："爸爸也想和我一起住，妈妈也想和我一起住，可是我只有一个，那怎么办呢？是不是你们俩只能玩'石头剪刀布'游戏，然后妈妈赢了，所以我就奖给妈妈了。"

我一愣：天哪，这孩子把自己当成"奖品"，谁赢了游戏就奖给谁。

我只好回答："是啊。妈妈赢了。"

女儿继续问："那你出了什么？爸爸又出了什么？"

我说："我出了剪刀。"

女儿兴奋地抢答道："爸爸出了布！爸爸真笨。"

她继续穷追不舍地说："你们玩了几次？是三局两胜吗？"

我说："是的。你爸爸输了第一局，不甘心，又跟妈妈玩了几次，结果都是妈妈赢。"

她跑过来，搂住我脖子说："妈妈真棒。"

那一刻，我又是欣慰，又是感动。孩子的关注点，永远在她感兴趣的事情上。你在意的，未必是他们在意的。

孩子六七岁后，大多会对大人世界的婚恋游戏感到好奇，动不动就把"结婚"二字挂在嘴上。而且，他们就是纯好奇，不带任何道德评判和感情色彩。

我女儿也曾对这些婚恋问题感到好奇，比如她老问我结婚是怎么结的、离婚又是怎么离的。

有一次,我和我女儿一起经过民政局门口,我顺嘴提了一句:"你不是好奇吗?喏,这里是我和你爸爸结婚、离婚的地方,民政局。"

女儿突然气急败坏地说:"结婚要来民政局你说过了,但离婚也要来这里的吗?来这里干什么?"

我回答:"把结婚证换成离婚证啊。"这个回答又引发了以下对话——

"那你怎么不早说?"

"你早知道了能干吗?"

"你早点说了,我就多了解了一个知识啊。我还以为离婚就是一个人搬出去住啊,不知道还要来这里领一个证。那你有那个证吗?长什么样?能不能给我看看?"

"行,回家找给你看。"

我们谈起这类事情,像谈吃饭一样自然。

有时候,女儿说的有些话,也真的会让我笑得站不稳。

她跟我描绘她向往的生活:"妈妈,等我长大了,要赚很多钱,然后找一个对我很好的男朋友,不生孩子,就这么快乐地生活。"

我说:"唔,很好的向往。"

"那妈妈,你干吗要找我爸爸那样一个男朋友啊?就是因为他长得好看吗?"

"是的,你看他年轻时候的照片是不是挺好看的?"

"是长得好看，但好看有什么用？好看又不是好，又不是对你好。"

"那你会因为你爸爸曾经对我不好而恨他吗？"

"不会啊，他是我爸爸啊，他是对你不好，又不是对我不好。他对你不好，是他跟你的事，又不关我的事。"

"这么想就对了。"

"而且，你们现在不是和好了吗？上次我生日，我们一起出去吃饭，你们俩还抢着买单。"

"是啊，我们离婚后，都过得更幸福了。"

"妈妈，那除了爸爸之外，你还谈过几个男朋友？"

"两个吧。"

"那你干吗不娶他们呢？"

"不合适。"

"他们长得帅吗？学习好吗？"

"一般般吧。"

"他们叫什么名字？"

"哈哈哈哈，你好奇这个干吗？"

"因为我是你女儿啊，你还说我是你最好的朋友，好朋友就得要和对方分享秘密啊。"

"行吧。"

"你有没有他们的照片？给我看看啊。"

"好像没有了。"

"你把照片都烧了吗？"

"没有，我试试看能不能找到。"

然后，我真把旧相册翻了出来，还真找到前男友的一张侧影。

我女儿瞪大眼睛看了看，突然尖叫着说："这人长得好丑啊！这么丑的人怎么可以做我爸爸？妈妈，幸亏你没娶他，而是娶了我爸爸。本来你就不好看，再娶一个不好看的人当男朋友，那我生出来岂不就是个丑孩子了？"

在女儿的概念里，不管我跟谁结婚、生子，最后生出来的孩子一定是她。

还没等我回话，她已经翻开了相册的下一页，指着一张我十几年前在北京上大学时拍的照片质问我："妈妈，为什么这张照片里没有我呢？为什么你自己去冰天雪地的地方玩，不带我？你是不是不爱我了？"

"那时候我连你爸都不认识，也不认识你啊。"

还有一次，我女儿这样问我："妈妈，你没有老公吗？"

我回答："没有啊。"

我女儿就说："那等我长大了，做你的老公。"

"啥？"

"或者，我给你生一个老公。"

她说完就去玩猫了，剩我在原地捂着嘴笑个不停。

当然，当孩子问到"爸爸妈妈为什么不住在一起"这个问题的时候，我也只是回答针对她那个年龄阶段我能给出的、她也能听得懂的答案。等她再大一些，如果再问起这个问题，我会再给出适合她那个年龄段的答案。毕竟人生是流动的，一个答案管不了一辈子。

我发现，如果在她很小的时候我就跟她解释清楚"父母离婚"的这个问题，她长大一点儿后，就不会觉得"父母离婚"对她来说是个多大的事儿。跟她对话，我时常觉得又好气又好笑。但整体而言，我觉得她心理是比较健康的，她并没有因为自己的父母离婚而觉得自己特殊，也不会因此悲悲切切。

很多不敢明确告诉孩子"父母已经离婚了"的家长，潜意识里就是觉得离婚是很大的事，是有点儿丢人的事。他们自己好像很容易把离婚这事儿看得很特殊，动不动就觉得自己这种状况"不是正常家庭"了。然后呢？父母在潜意识里这么想，孩子在潜移默化中也会这样认为。结果，对孩子而言，父母离婚果然也成了很大的一件事、特殊的事、有点儿丢人的事。

也正是因为如此，有朋友为这些问题很是烦心，然后问我该怎么办时，我一般都这么回答："你想过没有，其实真正在乎这个问题的，并不是你的孩子，而是你自己。孩子的问题，引发了你内心的焦虑和惶恐，你才会这么在意。"

离婚这件事，我们自己能轻描淡写了，孩子也会跟着泰然处之；我们自己很在意，孩子也会跟着在意，并且放大这种缺失。大人如果内心丰盈，并且能把正能量传达给孩子，孩子内心的匮乏感自然也不会太大。

02 跟孩子解释离婚问题的三个误区

据我观察，单亲父母针对离婚问题来教育孩子时，很容易走向三个误区。

第一个误区是：<u>在孩子面前回避父母的婚姻问题。</u>

有的离异家长很少跟孩子讲自己的离婚故事，总觉得这些事跟孩子无关。恕我直言，父母的恩怨确实跟孩子无关，但是，孩子对这些事情有知情权。

这类父母往往觉得离婚、再婚是羞耻的、丢人的事情，难以跟孩子启口，或是觉得孩子没必要知道。他们从来没有认真地跟孩子谈过父母离婚、再婚的问题，自然也就没有机会引导孩子正确地看待父母离婚、再婚。孩子对自己的家庭结构感到奇怪，却不敢跟父母表达。可是，如果你不是带有"逼孩子站队"的恶意，而是客观地给孩子讲述事实，我认为没什么不好。

前段时间，我跟一个离异妈妈一起带孩子出去玩，她就是避讳孩子听到那些她认为"不好的事情"，可她的孩子小楠一直竖着耳朵在听。而我女儿，因为那些事情她早已知晓，故事情节她基本都比较熟悉了，所以表现得挺淡然。

我前几天翻电脑，还翻出当年跟前夫一起拍的婚礼视频给女儿看，并告诉她："当年我们也是很相爱才有的你啊，但人和人的缘分都是一段一段的。那段路走完了，就换个人陪你。这根本没什么，重要的是我们现在的生活。"所以，我女儿现在看我跟她爸之间的恩怨，像在看一场电影。也因为对这些事"祛过魅"，她的好奇心已经得到满足，就不会再好奇了。

小楠则一直很好奇父母分开的原因，但她父母都对此讳莫如深。尤其是出轨的那一方，竭力想在孩子面前维持一个正面的形象，不愿意直视自己的曾经，就更加避讳跟孩子解释自己离婚的原因。父母自己怕面对这些，然后，孩子的好奇就变成了"冒犯"甚至是"错"。

我前夫后来再婚再育，也没有将这些事实及时、如实地告诉女儿，让女儿狐疑、瞎猜。他再婚办婚礼当天还在瞒着女儿，女儿觉得爸爸的闪烁其词和遮遮掩掩让她感到很奇怪，就跑来跟我讨论爸爸到底怎么了。后来，前夫生育了他的第二、第三个孩子，也不主动告知女儿。可我觉得孩子爸爸这样是做得很不到位的。

离婚后，任何一方再婚、再育都是再正常不过的一件事。这不是对前任以及跟前任生的孩子的背叛，没必要遮遮掩掩。孩子作为父母的亲人，有权利知道父母生活中发生的一切重大变化，家长也有义务给孩子解开令他们感到疑惑的谜团。只要父母引导得力，哪怕父母有一方犯大错了，这种事都可以成为教育孩子树立正确三观的机会，没必要刻意回避。

大人不把这些变故告知孩子，本质上是不把孩子当成和自己一样"平等的人"，损害了他们对于自己所生活的家庭环境的知情权。我倡导大人有时候要把孩子当成和自己一样的大人去尊重，也倡导大人有时候要以"回到自己和孩子一样大的时候"的样子去跟孩子沟通。

我是这么认为的：每个人都追求光鲜亮丽，但谁的人生都有疮孔。疮孔本就是人生中避不开的一部分，它不是一种错、更不是一种病。自己正视脓疮，大方地清洁、消毒，它最后就只会变成一个疤痕。如果不肯正视，竭力掩盖，它会不停流脓、化脓，变得很难治愈，甚至连累他人。

第二个误区是：天天对孩子念叨父母的离婚问题。

有些人一离婚，就把这事儿看得比天大、把自己看得很特殊，天天把"我离婚了，怎么把对孩子的影响降到最低"这事儿挂在嘴边、挂在心上。甚至不断强化它，不断"特殊化"自己和孩子，总觉得单亲家庭就跟所谓的"正常家庭"不一样。

明明离异家庭也只是万千家庭形态中的一种"平常形态"，可由于这些父母的不断强化和暗示，久而久之，单亲家庭的孩子就真的觉得自己的家庭很特殊、自己也很特殊，在这个事情上松弛不下来。

如果一个母亲不管做什么事，不管面对什么人，脸上永远写着"我是单亲妈妈""我的孩子成长在单亲家庭里""我受过伤，所以我要坚强""我的孩子是单亲孩子，他很特殊"……那可想而知，她的孩子在面对单亲这个问题时，也会认为自己是一个特殊的、需要人特别体恤和照顾的孩子，也会在别人提及他单亲身份时表现得特别受伤或富有攻击性。相反，如果父母内心丰盈并能把正能量传达给孩子，孩子内心的匮乏感自然也不会太强，反而可以用平和、积极的态度看待和接纳父母离婚这件事。

我有一个出生在单亲家庭里的朋友，曾经这样跟我分享过他的心路历程："我们那一代，父母离婚的人并不多，我曾经也为此自卑不已，但我妈妈给我做了非常好的引导。她如实告知我她和我爸离婚的事实和原因，但从来不跟我强调我们家和别人家有什么不同，不向我灌输对我爸的仇恨，也不跟人'卖惨'。我慢慢学会接受父母离婚了这个客观存在的事实，并学着接纳命运给予我的一切，不管是好的还是坏的。别人若是因为我父母离婚就对我投来异样的、同情的或鄙视的眼光，我也可以理解，但那是别人的事，我不想管，也管不着。父母离婚又有什么关系呢？这妨碍我成长为一个更好的人吗？不会。"

第三个误区是：极力美化或妖魔化另一方。

有的单亲父母在跟孩子聊及前任时，会极力向孩子灌输对另一方的仇恨，先入为主让孩子形成"另一方很坏"的认知，要求孩子站在自己这一边，和自己一起仇视另一方。可是，只有内心虚弱的父母才需要通过"与孩子抱团"的方式来取暖。也因为内心虚弱，他们才吞噬和融化掉孩子的自主性，将孩子的心灵也纳入自己的"统治版图"。

还有的单亲父母，则在离婚后极力粉饰太平，只谈另一方的优点，忌讳让孩子知道自己和对方离婚的真实原因，极力给孩子制造"你爸或你妈是全世界最好的父亲或母亲，只是命运不能让我们在一起"的假象。恕我直言，这也是内心虚弱的表现。他们只是想当然地认为，孩子的心灵还很脆弱，接受不了令人失望的事实。

可是，在我看来，孩子好奇父母为什么离婚的时候，父母只需要告诉孩子事实就行了（不同的年龄，用不同的方式；父亲或母亲，都可以各说一个自己的版本）。至于听了以后，孩子如何判断，那是他自己的事。

事实上，孩子大多数时候的关注点根本不在父母的恩怨。他有他自己的关注点。你和孩子爸爸如何离婚的，对你来说是大事，但在孩子的心里，或许根本没有"今晚的作业没做完"重要。

有一次，我跟女儿一起回到我们居住过的小区。我看着一面浮雕墙说："我怀着你的时候，在这里跟你爸吵过一架。"

女儿问："为什么吵呀？"

我说："因为他凌晨两点都还在外面玩，我睡不踏实，跑出来找他，就是想知道他到底在哪里，然后，就在这里遇到他。"

女儿问："然后呢？"

我说："然后我们就吵了一架啊。"

女儿再问："再然后呢？"

我说："然后他就头也不回地走了啊，留我一个人站在这里。"

女儿问："那你接下来怎么做的？"

我说："我就站在这里哭了一顿，哭完了一个人回家。"

本以为讲完这些，女儿会安慰一下我，结果她突然哈哈大笑，笑得前仰后合。

我疑惑地问，"你为什么笑啊？"

她说："哈哈哈，妈妈，爸爸不回家，你就自己一个人睡好了，出去找他干什么啊？我想象了一下你哭的样子，就觉得好搞笑，哈哈哈哈哈！你说你都那么大个人了，还哭。你的脸胖嘟嘟的，怀着我的时候肯定全身圆鼓鼓的，你哭的时候肯定还会用你的大胖手擦眼泪，那你看起来就像一只会哭的皮卡丘。哈哈哈，你不觉得很搞笑吗？哈哈哈哈哈，笑死我了！"

我顿时觉得，女儿这一番反应，打破了我伤春悲秋的"结界"，我顿时不觉得伤情了。

我曾经把这个细节发在微博上，却被一些网友认为我这是逼孩子站队、向孩子灌输对父亲的仇恨，可是，我讲的都是事实，并没有任何抹黑前夫的成分。而且，我之所以无所顾忌地跟孩子说这些，就是因为知道——她知道了也不会怎样。在过去那么长的时间里，她早就在耳濡目染中确立了一套价值标准——父母的恩怨，跟她没关系。父母也有缺点，也会犯错误，但那是父母自己要去面对和解决的事情。面对父母，她只需要关注父母对她是否有父爱、母爱。其他情况下，她只需要把父母当成一个"大朋友"看待就行了。有了这些作为基础，那么，只要我讲的是事实，那我根本无须在孩子面前伪装——我讲什么都是安全的。

我向来只讲述事实，从来不给女儿灌输任何对爸爸家"那边"的仇恨。有段时间，她爸好久没来接她，女儿则一放假就玩疯了。我就提醒她，让她给爷爷奶奶发个消息问候一下，爷爷奶奶也老了，而且待她不薄。女儿就自己给爷爷奶奶发了问候信息。爷爷奶奶邀请她回老家过年，我当即就同意了。她一听说要坐四五个小时的车，而且要离开妈妈那么多天，不太想去。我鼓励她去，跟她说："你也需要多增长一些见识，见识不同的文化。如果待得无聊了或是有任何不愉快，妈妈会来接你。"

在上段婚姻中，"那边"真的给了我很多伤害，离婚了我都很意难平。但这一切，都跟孩子无关。心理孱弱的母亲才会通过拉拢孩子、让孩子跟自己站队的方式，为自己撑腰和正名。

至于如何跟孩子说，我觉得这其实不是太大的问题。很多人都害怕告诉孩子真相，其实孩子没我们想象的那么脆弱。有些事，即使你不说，将来也可能会有别人跟孩子说。孩子在你这里得到真相以及及时的心理支持，总比他从别人那里"突然"得知真相的好。所以，实事求是地跟孩子聊及离婚问题的关键是，你自己先要把心理上的这个坎儿跨过去，先做好自己的内心建设，自己先强大起来，这样你才有余力去保护和引导孩子。如果你自己依然处在"想不通""回避""感到羞耻"等状态，你给孩子的教育果实可能就是"毒树之果"，滋养不了孩子的心灵。

孩子怎么看待父母离婚，很多时候需要父母的积极引导。他们有权知道真相，但你告诉他们"真相"就可以了，不必"加戏"。

什么叫"加戏"？即加入自己的价值评判、喜恶、立场、情绪、情感，并试图让孩子跟你站在同一个立场上，成为你的"同盟"。事实上，你只需要陈述基本事实就好。孩子如何评价一个人、一件事、一段关系，那是他自己的事。如果你内心足够强大的话，你就不急着找"同盟"，这才叫"实事求是"地活。

每个人都要实事求是地活。这话的意思是：接纳真相，直面真相。因为不矫饰的人生，内耗最小。

离婚后，对方完全不管孩子怎么办

01 你不必是"全能妈妈"

我曾经收到这样一条私信："离婚后，前夫从没有主动关心过孩子，也从不在孩子面前出现。现在，孩子对父亲根本没概念，每次我听到孩子问'爸爸在哪儿'的问题，都心如刀绞。我该怎么做，才能弥补孩子的父爱缺失？"

这样的问题，我遇到过无数次了，多是女方提出来的。按理来说，离婚后的父母，都要负起对孩子的养育责任。只可惜，现实生活中，有些离异人士的价值观似乎还停留在"农耕时代"，根本没办法做到这么"文明"。一旦离婚时孩子归一方抚养，抚养方可能会不自觉地把孩子视为自己的附属物，另一方可能也会视孩子为对方的"战利品"。如果离婚时离得不愉快，没拿到孩子抚养权的一方很可能会"恨屋及乌"，形成"孩子归你抚养了就是你的了，跟我没关系"的认知。

还有一些男性再婚后，就把前妻和孩子视为"自己生活的干扰项"，对他们不闻不问，还美其名曰"不去打扰他们的生活"。可是，有这样对孩子"好"的父亲吗？真正的爱，是一种无法抑制的、想要和孩子亲近的本能。那些找借口不与孩子亲近的父母，更多是因为自私，抑或是无法面对孩子和自己。

对于单亲妈妈而言，若是遇上一个"离了婚就再也没履行过对孩子的养育责任"的前夫，确实为孩子感到心痛。

那么，应该如何弥补孩子的父爱缺失？

我觉得这事儿得分成两点来看。

第一，你可以问自己一个问题：我是妈妈，为何要去弥补父爱缺失？让妈妈去弥补孩子的父爱缺失，就像让语文老师来讲数学课一样，没找对责任对象和主体。

给孩子母爱，这是你的事情。

给孩子父爱，是孩子父亲的事情。

请先分清楚哪些事情是你自己的，哪些事情是别人的。对自己能做到的事情，尽力而为。对该别人做的事情，放弃希望他人按照自己意愿做事的掌控欲。

比如，你可以做好母亲这个角色，还可以给父亲爱孩子提供条件、给父亲伤害孩子设置屏障（如果孩子父亲劣迹斑斑，每次跟孩子接触只会给孩子带来伤害，你可以拒绝孩子父亲与孩子相见）。但是，你没办法逼一个父亲按照你认为对的方式给孩子父爱。

孩子父爱缺失，那是孩子与他父亲之间的事，跟你没太大的关系。离婚不是造成孩子父爱缺失的原因，"孩子父亲是一个不负责任的人"才是造成这一切的主因。你没有义务也不必为这种缺失负责。

第二，如果你希望别人那么做，但别人没有那么做，你就开始攻击自己……这其实是掌控欲得不到满足的表现。

潜意识里，你觉得自己有能力弥补父爱缺失，所以你才会攻击自己。可这种"潜意识"，何尝不是一种自恋？

请永远不要幻想自己是"全能妈妈"。接受事物本来的样子，分清楚每个人的边界，放下对他人的掌控欲，非常重要。

还有，人的时间、精力、价值、资源有限，你把该别人操的心操了，你自己的事可能就做不好。把你的"洪荒之力"放到研究"如何做一个好母亲"上，你的孩子会因此得益。

注意，我们这里说的是"如何做一个好母亲"，而不是"如何做一个好的单亲母亲"。在做母亲这事儿上，"单亲"是个没什么意义的干扰项，是否单亲与是否能做一个好母亲更是无关。

我一直都持一个观点：孩子的父爱，不应该由母亲去争取。母亲要做的事情，就是代要抚养费，然后，给孩子创造稳定、健康的成长环境。

我是这么想的：我能争取来的，是他本来就愿意给的；他不愿意给的，我争取也没用。我的孩子需要通过努力争取我给的母爱吗？不需要。需要争取才能得到的东西，会消耗我们的能量，搞不好我还会被人"拿捏"。所以，与其争取这种本就应该由别人给的东西，不如把时间、精力花到更有意义的地方去。

02 你不必因为离婚而内疚

我发现，在妈妈群体中，"单亲妈妈"特别容易因为选择离婚而对孩子产生内疚感。如果孩子跟单亲妈妈说"我希望你和爸爸住一起"，我感觉一半以上的单亲妈妈立马会产生内疚感，认为自己对孩子有愧。

我一开始也有，后来我觉得一切都是我过分想象。

第一，孩子明明也跟我说过其他愿望，比如"我想吃炸鸡""我想飞到天上去"，可为什么我听到这种话就不会内疚、难过？因为我只是把它当成孩子单纯的愿望来看。为什么孩子跟我说"希望你和爸爸住在一起"，我就无法淡定了？究其原因，是因为我在意了、脆弱了。孩子只是说了一个简单的愿望，是我想象出一场悲情大戏来。

也有朋友问我："如何弥补离婚对孩子的伤害？"我的答案是："别把它当作伤害，也别老想着弥补。该给孩子怎样的爱，给就是了。"

若是你在心理上形成了"单亲孩子比一般孩子可怜"的认知，那么，你的孩子就可能真的会觉得自己特殊。然后，这种认知被强化了，他可能就真的变得很可怜。

哪个孩子的人生没点儿不如意的事？有家境贫穷的，有身体残疾的，有父母是罪犯的，有父母有钱但没空陪伴的……可我发现，孩子的很多"缺失感"是大人强加给他们的。

孩子一开始只觉得自己缺了"一勺"东西，是大人让这"一勺"变成了"一瓢"。

大人被伤害得多了，就会有一种不安感，而且他们还很容易把这种不安感灌输给孩子，让孩子跟自己"共情"。有时，他们打的还是"为孩子好"的旗号。如果父母不动不动就充当孩子的"放大镜"，孩子可能会成长得更好一些。

可惜，现实生活中，太多人无法做到这一点，也无法想明白这一点。

第二，太多的人执着于"完整"而不是"幸福"，执着于"孩子有一个爸爸"而不是"孩子有人爱"。

一个朋友跟我讲过这样一个身边的故事：一个女人发现丈夫出轨多年，一气之下离了婚。她现在后悔了，只因她觉得是自己的冲动让孩子成了单亲孩子，让孩子承受外界的指指点点。她的想法是，即使孩子他爸平常就没管孩子，但孩子至少拥有完整的家庭。

我还认识这样一位单亲妈妈：离婚后，每次见到孩子，她就陷入对自我的攻击之中。她觉得，男孩子必须要跟爸爸在一起，才能有阳刚之气，而离婚使得她儿子无法成长为一个"真正的男人"。因此，她很后悔离婚。虽然前夫对她和孩子不管不顾，也没有复婚意愿，她还是想"为了孩子复婚"。在她的幻想里，只要复婚了，一切就都正常了。

在生活中，很多女性受旧思想的影响，对男性特质表现出盲目的依赖和崇拜。比如，她们总会说：

"家里要有个男人才像样啊。"

"我是女的，我做不了主。"

"男孩只能跟爸爸学到阳刚之气。"

其实，这何尝不是作为女性的一种"自我阉割"呢？男性的确在身高、体能、力量等方面普遍与女性有较大差异，但这不代表他们在其他方面就优于女性，更不代表他们能做的事、能承担的责任，女性不能胜任。每个女人都应该意识到自身的能量，不做他人的附庸。要知道，坚毅、果敢、有担当，这些优秀的品质从来都不是男性的专属。

坚毅、果敢、有担当指的是具体的人，而这个人不分男人和女人。

有些父亲本身就从来没有履行过父亲的义务，但母亲却一厢情愿地认为，是自己做了离婚这个选择，才让孩子缺失父爱。这种"替孩子感到缺失"的执念，更多的来自一个错误的认知——她们固守着这个失职父亲的空壳，误以为在孩子成长过程中起作用的是"父亲"和"男性"这个角色，是表面上"完整"的家，却忽略了孩子真正需要的是什么。

孩子能够得到足够的爱、在一个温馨和睦的家庭里成长，比孩子拥有一个看似完整却并不幸福的家，更重要。

第三，生活中有很多单亲的孩子和家长过于在意"单亲"这个标签，总是把"单亲"这事放在心上，遇到不如意的事就觉得造成一切不幸的原因是"单亲"。

其实，生活中的坎坎坷坷，每个人都会遇到。即便是拥有幸福婚姻的夫妻和家庭，也有无数个困难需要去解决。离婚只是我们人生中发生的无数事件中的一个，不必放大它的影响，更无须将我们遭遇的所有困难归咎于它。

生活的智慧在于接受无法改变的，改变能够改变的——父爱缺失的问题，本就不该由单亲妈妈去解决，而我们要做的就是给足孩子母爱，这就已经足够。

如果孩子跟你聊起自己的父亲，你只需要告诉他基本事实，不必做任何评判和引导。别把你对前夫的恨意播种到孩子的心里，别让孩子变成帮你复仇的工具。

孩子会如何看待自己的父亲，由他自己去定夺。他和父亲会有怎样的缘分，那只看他们彼此的相处和未来的关系如何。母子关系是母子关系，父子关系是父子关系。你能做的，就是经营好母子关系，而不是去做"父亲怎样对待孩子"的裁判。

离开失职的父亲，孩子也可以成长得很好。有些问题，其实没你想象中的那么严重。倒是如果你真的把它看得很严重，并因此产生无尽的焦虑、担忧、恐惧，并且忍不住把这种情绪传递到孩子身上，那么，它可能真的会变得很重。

有些单亲家庭的孩子对父爱的渴望，其实是被后天塑造的，是"比较"出来的，而不是天然的。

许多渴望是后天塑造的，你只要内心强大到一定程度，就不会觉得这种渴望会有很严重的影响。哪个孩子没点儿缺憾呢？有人生病、有人家里穷、有人遇上了很差的老师、有人父母天天吵架、有人是遗腹子……真论起来，每一个缺憾，都会对孩子造成影响。

有些女性能够想清楚这一点，能够承担这些影响带来的后果，才能在单亲妈妈这条路上坚持走下去。而还有很多人没有强大到这种程度，她们会受到比较严重的影响，因此觉得孩子缺失父爱是一个很大的、很严重的问题。

离婚后，别逼孩子站队

01 逼孩子站队是不对的

我的朋友 A，她妈妈当年因为她爸嫖娼，愤然离婚，离婚后每天在她面前骂她爸一万遍，不准她与父亲来往。她爸离婚后事业发展得很好，后来又娶了个妻子，生了孩子，他觉得对不起这个大女儿，就给她一套房子作为补偿。结果呢，她妈为女儿收受这套房子的事情闹得天翻地覆。朋友 A 为了安抚她妈，没要那套房子，但是她跟我说："我每次接受我爸给我的爱，都觉得像在背叛我妈，但说实话，比起我爸，我更恨我妈。"

其实啊，孩子长大以后到底恨不恨出轨的父亲，很多时候真的取决于母亲的心态。如果母亲一辈子无法走出被背叛的心理阴影，将自己和孩子过得不如意的原因都归结于丈夫出轨，孩子多半也会站在母亲的立场上仇恨父亲，可这种仇恨情绪对孩子本身就是一种伤害。

小时候，我妈几乎每天都在控诉我爸，总问我一个问题："如果我和你爸离婚了，你跟谁？"

每隔几天，我都得认真回答这种"送命题"，并口是心非地回答："跟妈妈。"

我曾经质问过我的父母为何不离婚，他们说是"为了儿女"，但每次听到这话，我就嗤之以鼻，因为儿女并不需要父母为了自己不离婚，父母如果能清清爽爽地离婚，总好过彼此怨怼一辈子。可是，后来我慢慢明白了：我父母之所以"为了儿女不离婚"，实在是因为他们没能力离婚，也没能力处理好离婚后与对方、与孩子的关系。

我女儿现在也时常看到外公和外婆相处得剑拔弩张，为何她丝毫不会因此而受到影响，最多只是跟我埋怨一下"他们这样有点烦"呢？我猜原因有三：第一，外公外婆不是爸爸妈妈，到底是隔了一辈，我小时候也不在乎外公外婆的争吵。第二，她从未经历过小时候我经历过的伤痛，她心里没有这样的创伤，因为我和她爸虽然也不和，但我们第一时间就离婚了，而且离婚后能和平相处。第三，她遭受来自外公外婆的负面评价后，可以立刻跑到我这里得到抚慰。她没有旧伤，自然就不会被激发。

相比我女儿，我觉得我才是那个"问题孩子"。我需要把那些伤痛一个又一个地挖出来，切除掉，再缝合好伤口。这个过程或许会很痛苦，但经历这场"刮骨疗伤"，那些事情才真的会"过去"，当它们都"过去"了之后，我才能真正放弃对父母的期待。现在，他们俩纵是吵到天翻地覆，我也能波澜不惊。

我妈不算是一个称职的母亲，但她带给我的反思有很多：第一，如果你觉得丈夫对你不好，那就爽快离婚，过自己的新生活去。把时间、精力放在咒骂伴侣和逼孩子站队上，是无能、幼稚的行为。第二，永远不要在家里没完没了地控诉伴侣、贬低儿女,永远不要做开口就会让人心情不好的母亲,永远不要把家里变成自己一个人宣泄负面情绪的舞台。第三,分清楚哪些事是自己的,哪些事是儿女的,然后遵守边界,永远不要逼儿女遵从自己的意志。

我就是因为有我妈这个反面教材,才放下了与前夫经历的一切过往,离婚后从不逼孩子站队,不向孩子灌输对她爸爸的仇恨,并努力黏合孩子跟她爸爸的关系。

有一次,我妈问我女儿:"你更爱爸爸,还是更爱妈妈?"

我认真地跟我妈说:"以后不要跟她说这种话,也不要逼她表态更爱爸爸还是更爱妈妈。她爱妈妈,但不一定要以排斥爱爸爸的方式来呈现。虽然我外公外婆都走了这么多年了,但如果有人问你,你更爱他们两个中的哪一个,你又如何回答?"

心理学上,不管在什么情形下,孩子都本能地想向父母寻求认同。我们不能强迫孩子表态,也不能让她压抑对父母任何一方的爱和认同感。像"你更爱爸爸还是更爱妈妈""在这个问题上你站你爸还是站你妈"这类问题,除了满足大人可笑的虚荣心和控制欲之外,对孩子几乎没有任何益处。

"孩子是我们的"这句话中的"的",指的不是占有关系,而只是关联关系。孩子不是我们的私有物品,他是另外一个"人",是独立于爸爸妈妈的一个"个体"。他有自己的喜好、自己的思维、自己的想法、自己的渴望。懂得尊重孩子独立属性的父母,才算是真正称职。

任何要求孩子站队、和自己同仇敌忾的父母,都应该反省自己有没有把孩子当成独立个体来看待，而不是去质问"孩子为何变成了白眼狼"。前夫前妻之间有怎样的恩怨情仇，那是大人的事，与孩子无关。孩子是无辜的，他无法选择自己的出身，无法左右父母的决定。一想到我们都没有经过孩子的同意，就把他带到了这世界上来，我们就更应该要对孩子多些尊重和体谅之心。孩子从来都没有义务为父母的恩怨、情绪买单。

对孩子来说，他们也只是父母恩怨的外人、旁观者。孩子面对复杂的家庭关系，最应该有的姿态也是：不表态、不传激化矛盾的话、不站队、不结盟、不介入上一代人的因果。在孩子没有能力构建这样的环境时，父母要努力为他们构建，而不是把他们纳入自己的阵营，让他们过早承担原本不需他们承担的因果。

如果你真正爱孩子，自然也就能做到：放下昨日那些恩恩怨怨，争取为孩子营造一个良好的成长环境，让离婚这事儿对孩子的影响降到最低。

02 分清界限，是家庭幸福之源

父母之间产生了"战争"就逼孩子站队，在我看来是内心虚弱且边界感不清的表现。内心虚弱的人无力面对与另一个成年人的战争，才会把孩子拉入这场战争，让孩子成为自己的后援。边界感不清的人才会觉得父母之间的战争与孩子有关，无法将孩子当成独立的个体看待，让孩子成为这场婚姻的人质、附属物。

这种现象在现实生活中何其多。有的人想轻生，就抱着孩子一起，声称要"一起死"，其实这不叫"一起死"，因为孩子不会想死，这叫"杀害孩子然后自杀"。也有的人把孩子当作索取物质、要挟对方的工具。比如，有的女人认为，"我给你生孩子、当你孩子的妈，你负责给我钱花"；有的男人认为，"你要是胆敢跟我离婚，我就不再管孩子"。

某天，我跟我妈聊到一个朋友的遭遇："她离婚时，孩子爸爸不要孩子，也拖着不给抚养费，并且直接转头娶了第三者。和第三者结婚后三年，男方查出自己很难生育，这才跑回前妻那里，要认孩子。朋友想了想，要求他把拖延的抚养费都给齐，同时承诺日后绝不拖欠。男方同意了也做到了，朋友这才让男方去认孩子。父子俩开开心心玩了一下午的围棋。"

我妈一听，第一反应是："如果我是她，才不让孩子与这种男的相认。孩子才重要，钱不重要。"

我说，钱和人，是不冲突的。父爱和母爱，是不冲突的。你干吗跟钱过不去呢？而且，孩子认不认父亲、要不要抚养费，为什么由母亲来帮他做决定？父子俩将来有怎样的恩、怎样的怨，那也是他们的事。父母的关系是一回事，父母跟孩子的关系，又是另外一回事。

我妈说："怎么不冲突？我肯定咽不下这口气。"

我叹了一口气，心想：我从小盼我爸妈离婚，但他们如果真离婚了，子女或许就会成为他们俩拿来复仇的工具。

然后，我突然理解了我爸妈为什么声称"为了孩子不离婚"，因为他们俩或者至少一方，离婚了之后就真的不会再管孩子了，而另一方根本没有能力独立把孩子培养好。夫妻俩离不离婚，居然可以成为他们爱不爱孩子的前提。对他们而言，孩子只是婚姻的衍生物而已。婚姻没了，养育孩子的责任也可以丢弃了。

不少人都是这么界限不清，喜欢把"婚姻"和"孩子"捆绑在一起谈。而像我这种持"离不离婚，孩子都是我的孩子，我都会爱孩子，都能把孩子培养好"观念的人，才不会"为了孩子不离婚"。

这种界限不清的情况还表现在：很多儿女会去掺和父母的婚姻。

比如，很多人看到我父母相处得不好，就建议我和他们分开住；还有人建议我去说和，解开我爸妈对彼此的心结。我觉得这也算是"界限不清"。在我看来，父母的婚姻如何、关系如何，那是他们自己的婚姻、自己的事情，无需由儿女去负责、去解决。作为儿女你只需要关注你爸跟你感情如何、你妈跟你感情如何以及你爸妈感情不和是否影响到了你（比如是否当你面吵架，给你制造噪声）。对我而言，现在我爸妈要是当着我的面吵架、冷战并要求我站队、评判，那我一定会插手。但是，如果他们没影响到我，那我就"睁只眼，闭只眼"。

儿女不需要为父母的婚姻、关系、感情负责，因此，对于他们的不和，我选择"冷眼旁观"而不是"热心参与"。我父母身体出问题，我会想办法医治，但是，面对他们的不和，我不会插手，因为我觉得那是他们之间的事情，和我无关。如果他们要离婚，我可以协助他们办手续。但不会"劝和"或"劝离"。大家都是成年人，自己的婚姻需要自己负责。

以为自己可以拯救和解决父母的婚姻问题，这就是"越界"。每个人关注好自己"分内的事"就行了。对于分外事，关注多了就叫"越界"。你和父母的关系，是你的"分内事"。父母之间的关系，是父母的"分内事"、你的"分外事"。

我也是这样教我女儿确立边界的。她只需要关注我对她好不好、她爸对她好不好，不需要关注我和她爸关系怎样。

父母和我们、我们和儿女，本就是不同年代的人，代沟是一定会有的，也一定会有价值观冲突。一家人生活在一起，无须价值观统一。价值观统一难，但是，划定界限容易。划定好界限，搞清楚哪些是自己能解决的"分内事"，哪些是自己无能为力的"分外事"，能解决百分之九十以上的家庭人际关系冲突。

活到现在，我慢慢发现：厘清边界感几乎是一个人的幸福之源。

很多人的痛苦，正是源于"无力承担自己的事，却热衷于掺和别人的事情，或是没能力搞清楚哪些是自己的事、哪些是别人的事"。比如，有些人，明明自己的生活过得一塌糊涂，却总是打着"我这是为你好"的旗号对别人的生活指手画脚。遭到别人的反抗、反击之后，他还非常委屈，觉得是别人"不识好人心"，比如有些长辈，分不清楚哪些是"大家庭的事"，哪些是"小家庭的事"，掺和儿女的婚姻，把日子过得鸡飞狗跳；有的单亲妈妈，总因为自己给不了孩子父爱而陷入自我苛责的境地，可给孩子父爱根本不是她的责任。

而让我震惊的是，好多人对此习以为常。有的人觉察不到自己在越界、在入侵，认为只要打着"我是为你好"的名号，就可以在操控别人的事上为所欲为。有的人甚至觉察不到别人想操控自己的意图，哪怕自己的领地已经被入侵，还是觉得别人"只是为了我好"。

有些人更看重的是一种"集体中的我""关系中的我"。比如，看重自己从属于的地域、单位、家庭，认为自己是"我们"中的一员，而不是"我"本身。他们从小到大生活在各式各样的关系网中，时刻在这个关系网中寻找自己的坐标。

而有些人则相对比较强调"我"，并且由"自我"出发，与他人确立链接和关系。首先被考虑的是"我"，其次才是"我们"。

为什么很多人热衷攀比？因为有些人的个人意识不是很强，他们到了成年甚至老年阶段，也没有建立起完全独立的人格。倾向于将他人视作"我们"中的一员，而不是一个独立的"我"。反映在跟子女的关系中，这样的父母就更容易把孩子当人质、当报复工具。

在家庭中，只强调"我们"而丧失对"我"的尊重，很容易给家庭成员带来痛苦。它让人和人的界限变得模糊，很容易形成"我中有你，你中有我"的糨糊式亲情关系。在很多家庭中，父母控制子女、子女干涉父母、婆媳关系不和……很多家庭成员根本分不清界限，分不清楚权利义务，闹成一团。可事实上，"谁的事情谁负责"才是真理。大家都退回到自己的位置，不要随意越界，不该出手时别乱出手，那么，家庭矛盾会减少一半。

03 不向孩子灌输对前任的仇恨

我个人不赞同大人在怒气还未平息的情况下，向孩子讲述自己的离婚故事，以赢得孩子的支持。或许，当下你内心很虚弱，很需要心理应援，很希望孩子站在自己这一边。但这种时候，往往你讲出来的故事未必那么客观。你自己宣泄完，心里倒是痛快了，但它带来的不良后果可能是长期的。这些对立情绪，就像双刃剑，伤人也伤己，甚至波及无辜孩子。

刚离婚时所有的痛苦、愤怒、委屈、怨恨，都是真切的，你会感受到彻骨的痛苦，你有宣泄不完的委屈和愤怒，但你可以跟身边人讲，甚至可以直接跟前任对骂。但不适宜在孩子面前把前任抹黑成魔鬼、把自己美化成无辜的小白兔。

离婚后，为了孩子与那个曾经狠狠伤害过自己的人相处，其实也是一种很艰难的修行。你需要克服和压制内心深处那些几欲喷薄而出的阴暗情绪，尽量去考虑大局、追求双赢，或者，至少不要双输。"报复一时爽"，但当你慢慢痊愈，可能会很后悔当时的冲动，因为现在的你会觉得过去那些让你痛苦的事儿压根都不算事儿。

男女离婚后，不管有几个孩子，孩子抚养权怎么分配，双方都还是孩子的爸爸妈妈，都要对孩子负责。如果一个孩子归男方养，另一个孩子归女方养，然后双方就都觉得不归自己养的那个孩子跟自己没关系了；又或者，如果孩子身上出现一些问题和缺点，就认为孩子是"继承了对方的劣质基因"……这样的想法真的不能有。

孩子不是财产，父母不能像分割财产一般来对待他。孩子出生以后就是一个独立的人，不是任何人的附属品、翻版或队友。把孩子当成一个独立的人去尊重和看待，即使离婚了也要尽到父母该尽的责任，才是离异父母应该做的。

我感觉很多夫妻的关系是"糨糊式"的，所以当婚姻出现问题，他们的处理方式也只是简单粗暴地划清界限，学不会"一码归一码"。

离婚只是废除你和伴侣的契约，切除你与前任的情感联系，但两个人在抚养孩子这事儿上，依然是合伙人。你怎么对待事业上的合伙人，就该怎么对待曾经的那个人。若是你对对方过分冷漠、怨恨或热情，说明你在内心深处还是把他特殊化处理了。为何特殊？还在乎而已，在乎那些爱，或者那些伤。

离婚后，有人纠结爱恨，有人权衡利弊。要学会"一码归一码"，其实真的很考验情商。

单亲孩子遭受歧视怎么办

01 被歧视不是你的错，是歧视者太傲慢

我在一个情感论坛看到过这样一条言论："我女朋友的父母离异多年，她从小和妈妈一起生活。跟她在一起，我做什么事情都得顺着她，我哪句话说得不对，她都会和我提出分手。我感觉她脾气太大了，以自我为中心，一点儿都不温柔和体贴。归根究底，我觉得是因为她出生在单亲家庭，以后我再也不找单亲家庭的女孩了，她们太缺乏安全感，日后在婚恋上出问题的概率大。"

我的一个朋友跟我说，她的小学班主任就是一个在单亲家庭孩子面前异常有优越感的人。每次单亲家庭的孩子出现问题，这个老师就变着法儿指责单亲家庭的孩子和家长。比如，他会不停给孩子定性，说孩子"人格不健全"。

甚至还有人认为父母离婚的孩子心理一般都不健全，难以融入社会，甚至有可能去犯罪。

我觉得这就有些"以偏概全"了。有的单亲家庭能培养出犯罪分子，也有的单亲家庭能培养出总统，甚至用"培养"这个词也不大严谨，因为左右一个人成长的因素是多样化的，你根本分不清楚到底是哪一个因素导致了一个孩子成长为后来的样子。即

使在完整的家庭中，如果家长不注重对孩子的教育，孩子走上违法犯罪道路的情况也同样是存在的。

一个 23 岁的姑娘出去相亲，认识了一个她觉得还不错的男孩。刚开始，两个人都聊得挺好，但后来，姑娘了解到男生出生于单亲家庭，他父亲很早以前就出轨了，是母亲把他带大的。姑娘把这个情况跟自己父母说了，她父母听了，当即表示："赶紧分手，单亲家庭长大的孩子都有问题，我们家不要跟单亲家庭结亲。"她妈妈甚至说："这样的男生肯定心理不健康。你别看他长得挺老实，说不定有家暴倾向，你要是嫁过去，将来准会后悔。"姑娘也觉得自己父母的话有道理，毕竟父母是过来人，但她还是有点儿舍不得这个男生，就跑来问我："我该听谁的呢？"

我说："听你自己的。"但其实，我挺想劝这位姑娘分手，因为受父母的影响，她已经先入为主地形成了"单亲家庭的孩子都有问题"的偏见，不然她就不会觉得这是个问题。一旦形成这种偏见，以后只要她和男生发生冲突和矛盾，她就有可能把一切都归因于男生出生于单亲家庭。这种先入为主的认知，极其不利于两人今后的相处。如果心里已经种下了这样的种子，那还不如趁现在感情还不深，趁早了断，给彼此自由。

这种情况屡见不鲜。在某些老人眼里，单亲家庭的孩子就等于问题孩子。很多父母一见女儿找了出生于单亲家庭的对象，就本能地想反对。

综艺节目中也曾出现"准丈母娘"对单亲家庭孩子赤裸裸的歧视。在一档相亲综艺节目中，有三个家庭选择了某位男嘉宾，但是听说男嘉宾是单亲家庭以后，有两个家庭表现出非常介意，其中一个女嘉宾的妈妈更是激烈反对。她反对的理由无非是，"单亲家庭的孩子心智不健全，单亲妈妈会对儿媳妇不好，因为她会感觉儿媳妇把儿子给抢走了。"

我们时不时也在网络上看到这样一些评论："单亲家庭的孩子普遍敏感、偏激、缺乏责任感，会用一些非常偏激的词汇攻击别人，将来我不会让我的孩子跟单亲家庭的孩子结婚。"

有一些总统、科学家、明星出生在单亲家庭，他们事业成功、婚姻幸福；有一些我认识的同龄人也出生在单亲家庭，他们对婚姻负责谨慎、对爱情很忠贞，心思细腻，懂得关心别人，珍惜拥有的幸福……为什么不用他们代表"普遍"呢？

首先，某个单亲家庭的孩子言语偏激，是因为他本身就是那样的人，他不能代表所有单亲家庭的孩子。其次，偏激也是相对的，如果两个人站在线段的两端，那他们看彼此，肯定都很偏激。最后，至于攻击别人，也是需要分情况，如果别人对我友善，那我会是猫；如果对我不友善，我会变成老虎，而这时候说我攻击性强，我会认为这是对我的褒奖。"以点代面"，一竿子打翻一船人，未免太偏颇。

在这个社会上，确实有很多人潜意识里会把单亲家庭当作异类。我理解人们对异类的这种防备，但我希望大家明白：人活一世，每个人都可能会遇到这样那样的人生变故，每个人都可能存在这样那样的心理问题或性格缺陷，你可以去研究和探索，但不要随意地得出结论，并且把这种不负责任的言论、歧视强加到其他人身上。

单亲家庭孩子长大后遇到的那些事情，在非单亲家庭也会发生。成长是个多么不可控的过程，一个人将来遇到什么"果"，怎么可以那么草率武断地去归因呢？

单亲妈妈、单亲家庭的孩子本来就已经受过一次伤害了，为什么还要因为"单亲"二字而遭受排斥或再度受到伤害呢？

单亲家庭的孩子是否注定不能经营好婚姻——这根本不该成为一个问题。就像"来自某某省份的人是否注定不能经营好婚姻"一样，甚至根本不值得单独拎出来研究，因为凡事都不能绝对化。人的成长是多因素影响的结果，往某个方面去归因本身就是一件很荒谬的事情。它不是像数学题一样，套用一个公式就可以推导出一个结论。

完整幸福的家庭固然能给孩子提供相对健康的成长环境，但成长更多是靠自身。单亲家庭的父母，一样也可以给孩子强大的正能量，单亲孩子同样也可以过得幸福美满。

02 如何引导孩子看待和面对单亲歧视

如何看待单亲歧视？那我们就需要研究歧视是如何产生的。

毫无缘由地歧视别人，本质上是因为自卑和恐惧。一个对自己没信心的人，才更容易在潜意识里寻找、放大、嘲弄别人的"缺点"和"弱点"，以此体现"优越感"，获得某种心理补偿。

但是，如果一开始不歧视某个群体，但后来开始歧视了，一定是因为归因方式出了问题。你遇到 A，发现 A 是自己反感的样子；遇到 B，发现 B 也是这样子；遇到 C，发现 C 也是一样的……研究 A、B、C 的背景，发现他们都来自哪儿、都是什么性别、都是哪个星座的人，于是，因为错误归因而产生的歧视就产生了。

歧视产生的另外一个原因是追求高效率。举个例子：我们都知道，学历不代表能力，现实生活中也有学历很低但能力非凡的人。但是，很多公司就是限定"本科以下学历免谈"，这算不算是歧视非本科生呢？也许，公司只是在试用本科生和非本科生后，得出这样一个规律：本科生大概率比非本科生能力更强。公司招聘新员工，人事收到两百份简历，没有那么多的时间、精力去一一甄别你是否算是"学历很低但能力非凡"的那一个，那就只能简单粗暴地设立学历门槛，以节省公司的招聘成本。同样的，有些人无差别地歧视单亲家庭，或许也只是为了减少自己的鉴别成本。他们懒得花时间、精力去了解你，就只能通过歧视你的方式，隔绝掉他们认为的风险。

研究人类的歧视行为，你会发现：歧视很大一部分指向"资源匮乏"。

有人认为单亲孩子得不到双方父母的资源支持，要么在物质上匮乏，要么在精神上匮乏。而他们表面给出的如性格、人品方面的理由，更像一种对于真实想法的掩饰。

当你看透歧视的本质，你就不再会觉得歧视他人的人说出的评价、给出的标准就是金科玉律。相反，你能一眼看透他们虚弱、自卑、恐惧的心。

作为一个单亲孩子的妈妈，我无数次跟我女儿讨论过"如果你因为单亲而被歧视了怎么办"。我给出的建议是：放轻松，那些歧视的人才是思维模式有问题的人。因为只有这样的人，才会以偏概全、以点概面、拿个例代表全体。

要知道，这个世界上存在很多歧视。从人诞生的那一刻开始，歧视就无处不在，算起来，对单亲的歧视只是社会庞大歧视链里小小的一个环节。

仔细想想，我们哪一个人没有被歧视、被侮辱、被伤害过？只要你不把这种歧视当回事儿，这些歧视就伤不到你。最重要的一点是，不要把自己置于被评判、被选择的地位。事实上，我们和他们是平等的，评价和选择也是双向的。

有人歧视单亲孩子，认为他们一定是不会经营感情和婚姻的人，那我们也同样鄙视这类充满狭隘和偏见的人，认为他们层次低。有些父母认为单亲家庭的孩子有这样那样的缺陷，所以在婚恋时对单亲孩子百般挑剔。那换过来，我们也不可能上赶着要跟这样的家庭结亲。有这种偏见和想法的人，我们也是不愿意跟其产生交集的。

别人对我们的歧视，反过来能让我们得以迅速地辨别出来哪些人值得深交、哪些人应该远离。想到这里，我顿时觉得"歧视"有时候也不是一件坏事。做好自己，让那些歧视言论随它去吧。

如何对待离婚后产生的不公平感

01 每个人都要学会跟不公平感相处

我认识的一个男性熟人，他离婚前后简直是两个样儿。30岁离婚前，他对家庭可没有那么负责任，经常不着家。离婚后，尤其在38岁娶了新妻子后，他就变成了"好丈夫"，有一次，他跟我聊天说，他现在的妻子比前妻脾气好，明显情绪更稳定。

他的过往，我非常了解。听到这话，我立马替他的前妻质问他："有没有可能，不是人家脾气好，而是你现在有钱了，你们的家庭压力可以外包给保姆等人分摊，她感受不到太大的生活压力。加之你经济条件比她好很多，自然就能对你脾气好。你前妻当年呢？那时候你买不起房子和车，你前妻大着肚子挤公交车上下班，而且那时候你还出轨了。你们的大女儿出生后，你前妻还要被迫跟你格外爱挑剔的母亲朝夕相处。而你呢？忙着拼事业，忙着出轨，你自己都说那时候你一周在家吃饭不超过两顿，回到家里就是个甩手掌柜。你让她的脾气怎么好得起来？"

我真是噼里啪啦一顿反驳，一点儿面子都没给他留。他愣了一会儿，回复我："我以前真没从这个角度想过这个问题。"

事后，我也在反省自己是不是太情绪激动了。我是在骂他吗？我只是不自觉地把自己代入了他的前妻的角色，在替我自己说话。你过得幸福，我不嫉妒，但如果你非要把前妻拉出来跟现任妻子比，还要诋毁前妻一番，那就很过分了。

同为单亲妈妈的闺蜜跟我说，她前夫可能要再婚了，她担心以后孩子爸爸对孩子的爱和付出会减少，令孩子更加可怜。她知道会有这么一天，也做好了心理准备，但真发生了，还是觉得难受。她问我，为什么那些男人离异后跟单身时一样，恋爱、再婚、生子毫无障碍，还能在下一段婚姻里收割婚姻红利，而我们女人却阻力重重？

她问我："这公平吗？"

我说，我理解你的感受。其实我们也不是没有机会再婚，只是我们更挑剔而已。

生活中从来没有绝对的公平。比如，男欢女爱，你情我愿，但承担怀孕风险的是女性。因此对女性而言，怀孕生子完全是件利益共享而风险自担的事情，没有公平可言。

我觉得人活到一定年纪，要学会处理不公平感，要接受"不公平"是人生的一部分。因为不公平的存在，世界才充满变化，而绝对的公平，或许也意味着绝对的一潭死水。

也许命运看我们，大概也就像我们看蚂蚁似的。某些对我们而言极其重要、影响巨大的公平、得失，在它眼里渺小到不值一提。

对于单亲妈妈而言，往后的日子也许会有"彩蛋"，会有最好的事物等着你，也许没有。但其实，婚姻不一定是一个女人最好的出路和归宿。大多数人即便身处婚姻里也会感到孤独。可是，面对漫长的人生和广阔无际的时间，承受一点儿不公平又有什么大不了的呢？

02 前任再婚再育后，要学会降低期待值

我女儿小的时候，每次她爸没有按约定的时间来接她，她都会有点儿失落。为了不让女儿有强烈的失落感，我就先放下手头忙活的事，带她出去玩。前夫再婚再育后，对这些事情，我本来就没再抱什么期待。

我身边的离婚案例，大部分的导火索都是男方出轨，女方会在整个过程中遭受不同程度的心理创伤，包括我自己。这些家庭中的孩子心灵也会遭受创伤，但伤口大小取决于妈妈是否足够强大，而不是取决于爸爸有多爱他。我不认为一个会出轨的男人会非常爱孩子。前夫曾经说过，他不会因为再婚再育而减少对女儿的爱。但是，这种话，听听也就算了。事实上，怎么可能不减少呢？亲密的关系，永远是用时间、用陪伴堆出来的。

电视剧《我的前半生》里有这样一幕：因出轨与女主角离婚的陈俊生，他的公司组织活动，他可以挑一些儿童玩具带回家。在看到儿童玩具的第一时间，陈俊生想到的是现任的妻子和继子，而不是自己的亲生儿子。这几乎是一种本能，他首先要维护的，是当下的家庭。

很多再婚再育的男人都很难战胜这种本能，所以，他们对与前妻生的孩子的爱，大多只能停留在"有心无力"的层面。他们

觉得自己是爱孩子的，但表现在行动上，又是另一回事。即使他的心意有 100 分，表露出来的也只有 30 分，而孩子能感受到的，可能只剩下 20 分。

所以，对那些争取不到孩子抚养权的离婚女人，我个人有这样一个建议：如果你前夫有意愿、有能力带好孩子，也非常爱孩子，那么，离婚时你不必刻意跟前夫争夺孩子抚养权。把孩子给前夫抚养，孩子不仅能拥有爸爸的爱，也能拥有妈妈的爱。但如果把抚养权争夺过来，虽然有了妈妈的爱，但随着爸爸再婚，"爸爸的爱"可能会慢慢地消失。

我那时候坚决要抚养权，是因为我知道：如果孩子给了前夫，他也只会扔给他父母带。我相信他的意愿，但我不相信他有带好孩子的能力。离婚对孩子当然有负面影响，这一点不可否认，但如果不离婚，让一个妈妈成天面对一个出轨或是有其他劣迹的爸爸，让孩子处于剑拔弩张的家庭氛围中，那对孩子是另外一种更大的伤害。

离婚后没多久，我让前夫有空就带孩子去游乐园玩，他也可以跟女儿多培养一下感情。他说"怕自己搞不定""工作一直比较忙"，于是，每次都只能我自己带孩子去玩。突然有一天，他朋友给我发了一张他带女朋友去游乐园玩的照片，我那时候第一反应不是吃醋，而是为孩子感到难过：原来他也能抽出时间带别人去游乐园玩的……

那时候，我还不满三十岁，心态不如现在好。有一次我带着孩子出去玩，回来路上打不到车，我单手抱着孩子，在烈日炎炎、烟尘四起的建筑工地附近徒步走了一公里，只为找到公交站。孩子又哭又闹，我汗流浃背，但就是打不到出租车。我看着路面上与前夫同款的车，想到以前是不是也有很多个这样的时刻——在我这样带着孩子到处找公交站时，他开着车送其他人去这去那……就更觉心酸。

我那时候就在想：我一定要买车，并且，一定要学会开车。其实我早拿到了驾照，但一直不敢开。那个周末，我就去买了车，并壮着胆子开了出去。经历了艰难的练车过程之后，我终于把车给开稳了——原来，开车真没有我想象的那么难。

前夫再婚再育后，他给女儿的时间、精力可能会断崖式下跌。对此，我是有心理准备的，而且，我把它视为是人生常态。很多年轻时出轨、丝毫没有家庭责任感的男人，他们到了中年再婚、再育后，就会从此收心。我还曾经为此写过一篇文章，把这种现象总结为"前人栽树，后人乘凉"。可是，我写那篇文章的时候才 31 岁，我看到的只是几段别人的人生样本，还没有看到最后。今年我快 40 岁了，故事中这几个男人的后续，我没有再追踪，但我从别的地方，看到了类似故事的后续。

比如，我认识一个男人，大概 60 岁了。他年轻时狂浪不羁，把婚姻折腾没了，女儿也被前妻带走；到了中年，他想稳定了，他娶了新妻，生了儿子。再婚再育后，他对儿子特别好，大女儿享受过的父爱不及小儿子享受的十分之一。但是，儿子长大后也成了一个纨绔子弟，索求无度，成为家族中的害群之马。而大女儿从小跟着妈妈生活，有教养、有出息、三观正、不啃老……

　　我一直觉得，人生有起伏，但它终究是沿着一条平行的线在上下波动。我们有时候看一段故事，替故事中的当事人感到不平，是因为我们看待问题的时间维度拉得还不够长。

　　绝大多数人的人生，遵循的是"种瓜得瓜，种豆得豆"的规律。我们每个人，或早或晚都要为自己曾经的言行买单。

　　我现在偶尔也会有感到不平的时候。但是，很多次，我都会拿出我硬着头皮买车、学车的劲头出来，督促自己种好现在的"瓜"和"豆"。剩下的，交给老天。

　　比起别人怎么对待、看待我们，更重要的是我们如何对待、看待自己。

不必要求自己做个好前任

01 不必向谁证明自己是个好前任

我有一个女性朋友，她离婚后拒收前夫除抚养费外多给的钱，就是想向前夫证明自己是一个不爱贪便宜的、有志气的前妻。

我尊重她的选择，但我认为离婚后的单身妈妈收下前夫给孩子的钱和资源，并不是"爱贪便宜"的表现，这钱于情于理于法都应该拿，甚至该积极争取，因为这是孩子该得的。

我不觉得拒绝前任各方面的帮助就是"有志气"。若没有孩子，相信很多离异女性跟前任不会有任何的联系，但有孩子的情况不一样。其他人帮你，你会感恩，找适当的机会回报他，这是人之常情。而前任帮你，你就严词拒绝，仿佛接受了他的帮助自己就"没志气"了，这不就是把前任"特殊化"了吗？

我前夫再婚再育后，我妈经常叮嘱我女儿："你以后少去你爸爸家，你爸爸有老婆还有俩孩子，你不要老过去打扰他们。"

每次听到我妈这么说，我都特别生气，因为我认为"女儿是前夫的孩子"这回事，在前夫再婚再育之前就已经是一个既成事实，前夫即使建立新家庭了，也不应该把我们的女儿当成一个影响幸福的"不和谐音符"。她就应该是前夫的家人,不能单独把她当成那个"小家庭的外人"隔离开,怕她的出现破坏他新家庭的完整性。想象一下,如果我再婚再育,我怎么可能会觉得我跟前夫生的孩子会对我的新生活造成打扰呢?

好在,我女儿没有接受外婆的"熏陶",而是直接反驳她:"凭什么?凡事都要讲个先来后到。"

很多人总是要求女人"贤惠",哪怕都离婚了,都还有人要求女方做个"贤惠"前妻。比如,我在微博中记录过孩子爸爸给她买了个平板电脑,有网友就批评我不自强、不独立;我买房时跟前夫借过钱,两个月后就还了,有网友跑来说我和前夫纠缠不清;前夫开车来接孩子的时候,我请他顺道帮我把椅子运到公司楼下,结果此举又被一些人指责"麻烦前夫"。

如果送我女儿平板电脑、借给我钱、顺手帮我搬运椅子的人是我的亲友,我是不是就不必被如此苛责了?为什么是前夫就不行?我为什么非要在他面前保持一个"绝不麻烦他""有志气""懂事前妻"的形象呢?

电视剧《我的前半生》里有这样一幕:周末,女主角罗子君送儿子平儿去她前夫、孩子爸爸家。她晚上接儿子时,下起了大雨,平儿想住在自己以前的家里,而罗子君想带孩子走。一方面可能是她没空再来接孩子,另一方面她也不想把儿子留在由前夫的现任妻子凌玲主导家庭氛围的家里。罗子君抱着平儿离开的时候,前夫陈俊生刚好带着现任妻子凌玲和她的儿子从车上下来。平儿眼睁睁地看着自己的爸爸体贴周到地抱起凌玲的儿子,他和妈妈被雨淋透，而凌玲和孩子在他爸爸的庇护下，身上滴水未沾。平儿哭着大喊"爸爸"，罗子君赶紧捂住儿子的嘴巴，抱着他冲进雨里，冲出小区。这一幕看得我特别心酸，当场泪如雨下。我钦佩罗子君的善良，但如果是我遭遇这种情况，我可能不会那么"贤惠"，我会要求前夫开车把孩子送回家，或是要求他给我拿把伞。这种让自己孩子吃亏才能造就的自我感动式"善良"，我宁可不要。很多女性总有一种倾向——向外人甚至是前任证明"我是好女人"。男人说你不是个好女人，你就努力想证明自己是；婆家说你贪财势利，你就努力想证明自己不是，在离婚时也不敢要求分割夫妻共同财产；前夫的老婆说你和前夫生的孩子打扰到了他们的生活，你就不让孩子再去找前夫……别人每向你泼一盆脏水，你都要努力证明自己不是别人嘴里说的那样。可是，为什么我们要向这些人证明自己呢？那些你在乎的人和在乎你的人知道你是什么样子，就足够了。其他人都是干扰项，他们的看法、评价不重要。

很多女人从出生就掉入一个陷阱，一个试图证明"我是个好女人"的陷阱。

这种陷阱，真的不必跳。你做个"好人"是应该的，这是每个人都应该做的。但是，做个他人口中所谓的"好女人"，不是必须的。你做了"好女人"，很多时候受益者也不是你自己。

有意思的是，提出这种道德规训的人，也有女性。这类女性奉行的价值观是：男人做得不对，那是男人的问题。但你得是独立、端庄、优雅的女人，你必须要把话说对、把事做对。别人可以伤害你，但你不可以反击。你必须保持优雅、大度、高洁，不然你就拉低了自己的层次。

很多女人一听到这种言论，就开始自我反省，力图证明"我是个好女人"，证明"我是理性的、贤惠的，我没有错"。可是，我们为什么要让自己活得这么累，什么事儿都要求自己做到一百分呢？

我以前也有点儿试图"证明自己是个好女人"的倾向，现在彻底没了。如果做个"好前妻"的受益者不是我，那这些东西对我来说就是个"紧箍咒"。"好前妻""好儿媳""好女人"这种高帽，我不要。

02 拿"奖品"，不要被"奖状"迷惑

其实，所有的人际关系中，包括家庭中，权力格局也是无处不在的，只不过我们不一定能察觉。

在我前段婚姻里，这种以"夫权"为中心的权力场无处不在。这种权力，不是因为对方在经济或者其他方面比我更占据优势而出现的，而是只需要他满足"性别男"这个条件，他就自动拥有了。

而我，几乎每一点都踩到了"雷区"上。比如，婚后我没有住在男方家，而是让男方住到了我婚前买的房子里。周末我想去婆家就去，不想去就不去。男方要回去，我当然不拦着，但我觉得我自己没有每周都要去探望公婆的义务——何况每次我去，都得开始"表演"，去迎合婆家的喜好去表现。这种"不能做自己"

的氛围我很不喜欢。但这样一来，我就"犯大忌"了，这会让前夫家人觉得"自家好不容易养大的儿子白白给人入了赘"。这种不满，他们没法发泄给"宝贝儿子"，那就发泄到我这个儿媳身上。

我不认同"嫁娶"的旧式观念，我觉得男女结婚就是两个平等主体的结合。吃人嘴软、拿人手短，我没想过要靠婚姻晋升阶层。想要更大的房子、更好的车子，我可以自己挣。但是，前婆家却有人暗示我："你只要态度软一点儿，哄得老人家高兴了，大房子、好车子不会缺你的。"但其实我只是能有这些东西的使用权，所有权还是男方的。

我觉得婚姻就是两个人的事，其他人都是"外人"，但长辈看来，我的想法是"不正确"的，是不尊重长辈的。因此我那时一直承受着一种无形的道德指控和舆论压力。最后，我离婚的时候为避免闲杂人等掺和进来，几乎是"先斩后奏"，先离定了，再通知他们。

跟前夫家的亲戚聚会，唯一让我感到身心稍微舒畅点儿的，是他家文化程度最高的舅公。舅公是大学学历，他们家唯一对我做出好评的，也是这个舅公，他也是唯一一个能透过"某家媳妇"这个身份，看到我"本人"的人。

话说回来，和我前夫一家人拥有同样观念的家庭其实非常常见。表面上看来，这些都是我和他们之间的恩怨和矛盾，但实际上，这是两种思想观念的交锋，几乎没有调和的可能。

很多女孩子从小接受的都是长辈教导的观念，如果她没有经历过"被唤醒"这个过程，只拿长辈教给自己的那一套去应对这些事，她与他们相处起来就会很"顺畅"。但是，一旦她被"唤醒"，认知层次达到了某个更高的层级，她就不可能再回去，也回不去了。

其实，现在回想一下当初我做的，不就是现在很多已婚男人都会做的事情吗？结婚后，让女方住到自己家里来，每周末不需要去探望岳父母；不稀罕岳父母给的房子和车子，就想通过双手自己去挣，当然也就不必再看岳父母脸色；结婚、离婚这样的决定，无须征询岳父母意见。然后，我悲哀地发现了一点：同样的事情，男人做，大家习以为常；而女人做，大家就觉得男方吃亏了。于是，我退出了这个游戏，不再跟他们玩了。

电视剧《大明宫词》中，武则天跟太平公主说过这样一番话："你不能这样做女人，更不能被男人的道德操纵。不能成为他们用以完善自己德行的工具，这往往比服从他们的命令更可怕。"

这话是有语境的。太平公主跟薛绍的那段婚姻中，太平就彻底沦为了薛绍完善德行的工具。薛绍是一个很矛盾的人，他明明已经爱上了太平，但为了追求"这辈子我只爱一个人"的形象，不惜压抑自己，也不惜伤害太平。因为他认为，当他选择"忠于自己"，承认自己已经爱上太平时，自己这个形象就保不住了。当他想要遵循的道义与他的"真我"发生冲突，他只能选择去死。

太平公主在这段婚姻中，扮演了一个怎样的角色？她就沦为了完善薛绍"我一生只爱一个人"这种追求的工具。薛绍要演给自己看、演给亡妻的妹妹看、演给天下看，而太平就不自觉地走入这场戏局中，成了献祭者。

现实生活中，这样的女人也很多。

有的男人想要表演自己是一个"正人君子"，是因为如果他有这个"人设"，可以拿到更多的资源；然后，女人也努力维护丈夫的这个"人设"，哪怕丈夫真的做了错事，她们也要替丈夫说他是被陷害的。所以，她们成了完善男人德行的工具。

我觉得这些女性存在一个很大的误区，就是终其一生都想证明自己是个"好女人"。不要追求做个"好女人"，做个"好人"就可以了，更要去做个"强女人"。如果有谁看到你强就要打压你，那说明他们只是想把你往"好女人"的路上赶，而做"好女人"的受益者往往不是你自己。

强者都去争取实实在在的利益，弱者则去争取虚幻的心理利益——确切地说，是夸奖。"奖品"都被强者拿走了，作为一种平衡手段，他们把"奖状"留给弱者，嘴上像涂了蜜似的说："我就知道，你最好了。"

真心希望女性能看到这些"奖状"背后的陷阱，能掌握那些"真正"的力量。这力量不是用来取悦和迎合男人，也不是用来得到男人及其家庭的夸奖，而是你要像男人一样工作、升职、获取收入，凭借自己的实力获得丰盛而自由的成果。

再婚家庭要做好融合

01 要多点儿格局、少点儿私心

有一次，我在微博上"吐槽"了一句："女儿有时候会因为她爹没空来接她而失落。"很快，我收到了一条评论，说："你前夫再婚了，就没必要让他来接了吧。孩子生病的时候也没必要再跟前夫联系，人家都有新生活了。"

现实生活中，确实有一些找了离异男人结婚的女人，她们对离异男人与前妻生的孩子充满敌意。问题出在男人身上，出在她们自己的选择上，但她们不敢对抗男人，不忍心责怪自己，那就把气都撒在比自己弱小、完全无辜的孩子身上。如果孩子小，自己也觉得不好意思迁怒，那就发泄到男人的前妻身上。比如，孩子周末要见父亲，她们可能隐隐地觉得：你作为孩子的妈，自己就带不好孩子吗？非得让孩子来搅和我们的生活？

可是，在你们两个建立新的家庭之前，这个父子关系就已经存在了。你选择一个有孩子的离异男人，那这个孩子、这段父子关系就是你必须要接受的一部分。人应当为自己的选择负责。

当然，能让女人产生这种心理的离异男人，也好不到哪儿去。这类男人连初婚关系都处理不好，还要让自己陷入更复杂的再婚关系中。遇到事情，他们习惯性往后缩，让前妻、孩子、后妻站出来对抗，自己在背后装无辜。

作为一个前妻，我对这种"游戏"毫无兴趣。后妈愿意对孩子好，那没问题，我会为你创造对孩子好的条件。不愿意，我懒得强求。如果孩子在亲爸和后妈那里感受到冷遇，那我一定会站出来。

我一早就意识到，父母离婚、再婚这种复杂的关系，孩子与后妈、与同父异母的弟弟妹妹之间的关系并不一定是相亲相爱、其乐融融的合作关系，有时候会变成"经由母亲的决策"产生的、去争取父亲给的亲职投资的竞赛关系。为了避免女儿进入这种复杂的关系，避免她被另一个家庭排挤、敌视，这些年我一直在埋着头努力。总之，我给女儿铺好的路，足以让她在那边摆出"你给当然最好，你不给，我也不稀罕"的姿态。

再婚家庭想要过得其乐融融，身处其中的每个人都要多点儿格局、少点儿私心。可是，并不是每个家庭都如此，这就很容易衍生悲剧。

电视剧《隐秘的角落》里，男孩朱朝阳的父亲朱永平再婚了。朱永平再婚后，为了维持新家庭的和谐稳定，很少关爱与前妻生的儿子，对他而言，儿子不过是一个他拿来炫耀的工具而已。他一方面对前妻和儿子有愧，一方面又不由自主地站到后妻以及和后妻生的女儿那一边。他也不是没能力，而是懒惰，懒于去平衡这种复杂的关系。

朱朝阳的后妈王瑶存在这样的问题：能接受朱永平的经济状

况，却不能接受他的婚史和孩子，她期待丈夫能把所有时间、精力和资源都留给自己的小家庭，对丈夫的前妻和儿子充满敌意，不允许丈夫的时间、资源、注意力"外流"。朱永平前脚带儿子去买鞋，她后脚就带着女儿赶到。若不是她平时给女儿灌输"哥哥是会抢走你爸爸的人"，女儿朱晶晶也不会对朱朝阳有那么大的敌意。

朱朝阳的母亲周春红在处理感情时则存在这样的问题：抓住前夫的过错一辈子不放，把自己放在道德制高点上逼孩子站队，认为自己之所以过得不好全拜前夫所赐。离婚后，她又把所有关注点都放在孩子身上，每天望子成龙，以图某天能因儿子有出息而扬眉吐气。

我想说的是，离婚后，导致孩子受伤害的，从来都是"父母的做法"，而不是"离婚"本身。不管离异男还是离异女，再婚后都依然要履行做父母的责任，这是法律要求，也是人性的基本要求。安抚好你的再婚家庭，不让你与前任生的孩子因为你的再婚而受伤害，这也是做父母的基本要求。在这种事情上，我们根本不能偷懒。当矛盾积累到一定程度，你再想去摆平，会发现事情已经完全不可控了。

对于嫁给离异男性，做了后妈的女性，我想说，丈夫跟前妻有孩子是事实，这孩子跟爸爸会有该有的互动，这是人性的最低要求，也是法律所保障的权利。如果你无法接受这种事实，却又因看中这男人的其他方面而跟他在一起，就试图把他彻底从过去中剥离出来，这其实是很自私的。

02 什么样的人能当好后爸后妈

某个离异女性带着孩子再婚，男方人很好，对她跟前夫生的孩子视如己出，一家子其乐融融，但某些男人看到这个现象，竟替男方觉得"亏了"。

这些人的想法无疑是狭隘的，理由如下。

第一，这世界上有很多可以独立抚养孩子的女性，女方敢于带着孩子跟前夫离婚，就是因为本身有足够独立抚养孩子的能力。

第二，这世界上有很多离婚后依然愿意对孩子尽到责任的父亲，他们作为亲生父亲会好好照顾自己的孩子。

第三，这世界上有很多宽厚的男人，他们愿意爱屋及乌，跟一个无血缘关系的孩子结成友爱、互惠的关系。他们会把这个孩子当作一个独立的人看待，而不是只把他们当成"别人的孩子"。

问题来了，什么样的人能当好"后爸""后妈"？我觉得是格局大、私心小，擅长与人合作而不是搞对立的人，是内心深处安全感充足的人。

这类人的共性是：资源丰富，内心松弛，不会把伴侣与前任生的孩子当成"家庭资源的瓜分者、竞争者"。某些时候，这个人的"资源丰富"甚至比"内心松弛"更重要，因为一个人通常只有自己感到富足了，才会对别人大方。

比如，有一些后妈在经济上处于弱势，为了讨好丈夫，也去讨好他与前任生的孩子。但这种讨好，说到底还是因为不安和紧张，跟那种发自内心的、松弛的善待是不一样的。总而言之，实力与底气是一切关系的基础。

再婚家庭应该怎么对待伴侣与前任生的孩子呢？对这个问题，我是这么看的：人生难两全的事情太多了，不是只有这一件，但即使难，也要尽力去平衡、去成全。再婚家庭对待不在这个家庭中生活的孩子，一个最重要的原则是——促进融合，而不是人为制造割裂。

怎么促进融合？你有心的话，总能找到方法。但如果你有很大的私心或者你内心本身在排异，那就根本融合不了。比如，一个女人跟离异男性结婚生子，丈夫跟前妻生的孩子隔三岔五来自己家，如果她发自内心地认为，这个孩子是来跟自己和自己的孩子抢夺资源的，那就融合不好。如果她认为这个孩子是一个独立的个体，她作为长辈能结下这份善缘，将来可能也会收获善果，她就知道怎么做。

"道"的层面想不通，"术"的层面怎么倒腾都没用。气度大过一切，但这大气度也是奢侈品，不是每个人都能拥有的。越是自身没能力、只能依附于伴侣给的资源生存的人，越是无法拥有大气度。

03 促进融合，而不是制造割裂

我认识一位女性，跟前夫生了一个儿子，后来再婚，跟现任丈夫又生了一个女儿。在择偶阶段，她就把所有介意自己有婚史、有儿子的男人排除了。和现任丈夫结婚后，一家人相处得和和美美，现任丈夫虽然有了亲生女儿，但他对大儿子也很好。用他的话说，就是"自己现在儿女双全了"。

相比之下，她的前夫就是一个没什么格局的人。见她再婚再育，这位前夫给儿子的抚养费都是一拖再拖，生怕她会把那点儿钱拿去给小女儿用。后来，她前夫也再婚了，找的就是一个特别介意他和儿子接触的女人。那个女人带了一个儿子，也就是他的继子。为了保住自己在重组家庭中的利益，他对后妻言听计从，对继子视如己出，从此对亲儿子不闻不问。站在他的角度，亲儿子是"别人的儿子"了，继子才是自己的"养老保障"。

未来会怎样谁也不知道，因为大家都还没过到最后。但我相信，我这位熟人现在的家庭中，家庭关系会越来越好。而她前夫现在的家庭，就未必了。

我身边有一位当后妈的女性朋友，她考察男人时，首先考察的是这男人对前妻、对孩子怎样。如果判定的结果是"这男人是个温暖的人"，她才嫁。婚后，她做后妈也做得很不错，一家人关系和谐。

也有的女人，在选择离异男人时，首先考虑的是能否把男人所有的时间、精力、资源都截留在自己家里，绝不外流到男人与前妻生的孩子那里去。比如，电视剧《我的前半生》中，跟陈俊生再婚后的凌玲做得很过分的一点是：给陈俊生和前妻的儿子报八千元的本地夏令营，给自己和前夫的儿子报五万元的出国夏令营。这样处理问题，家庭关系好不了。

我当然理解后妈对丈夫前妻的孩子的忌惮，但孩子是无辜的，与大人的恩怨无关，这是作为"人"应该拥有的、最起码的良知。孩子无权选择自己的父母，无法解决父母的恩怨，也不该被卷入父母的因果，更不该成为争夺资源的工具。到我这年纪，哪怕是亲戚、朋友的孩子，只要值得，我都想提携，因为我会老，我会退出历史舞台。未来属于年轻人。我希望能与晚辈多结善缘。

我也希望女儿能与她的兄弟姐妹形成互帮互助的关系，不要形成竞争的关系。如果能拥有和谐的人际关系，谁愿意把关系弄糟糕呢？为什么要把一个孩子视为"来跟自己或是自己家人争抢资源的人"呢？格局大点儿吧。

重组家庭的氛围和关系，不是取决于你和另一半怎么重组、你的孩子跟谁，而是取决于"你是一个怎样的人"。

懂得关照孩子感受的人，找到的也是善良、宽怀的另一半。自私怯懦、心里藏满心机的人，吸引来的也是同类。懂得关照别人的感受、对人性和未来抱有敬畏的人，心宽，路也越走越宽。

人心，才是最好的"风水"。

第四章

离异家庭如何养育好孩子

不把单亲孩子特殊化

01 不必给单亲"加戏"

我和孩子爸爸离婚好几年了。这几年的时间里，孩子一直跟我生活在一起，但我觉得她心理很健康。

我从不避讳跟她谈及离婚话题，像离婚手续这种事对她而言不过是一个"知识点"。倒是旁人那种"讳莫如深"和刻意保护，时常令我们俩好尴尬。

有一次，我去一个兴趣培训机构接女儿回家，在我和我女儿以及她的同学自然地谈及离婚话题时，培训老师竟示意我不要往下说。

那天，在培训教室里，我女儿很自豪地跟同学说："我妈妈是写书的，她写了好几本书了，有一本是《妈妈家，爸爸家》，有一本是《我离婚了》，还有一本是什么来着？哦，是《有你的江湖不寂寞》。"

她同学说："谁离婚了？你妈妈离婚了？"

我女儿笑着说："是啊，她找了个不太好的老公，就是我爸爸，所以他们离婚了。"

我插嘴道："很正常嘛。两个小朋友如果合不来，也没法做朋友的啊。"

说到这里，小朋友们的注意点早就转移了，两个小朋友开始在那里讨论"有你的江湖不寂寞"到底是什么意思，是不是有人在哪里说过。

我没觉得小朋友之间进行这种对话有任何不妥，我也乐于跟孩子们探讨离婚话题，如果他们感兴趣的话。但是，站在一旁听到这段对话的大人示意我别再说下去，并把小朋友的话题引到别的事物去了。

我女儿从不讳言她爸妈已离婚的事实。在这件事情上，她无情绪，无"剧情"，无评判。但是，每次类似的话一说出口，必定有成年人像触了电一样，尝试引开话题。

我知道他们是想保护她，以免她因此被歧视、被另眼看待。可是，孩子们对他人，哪怕是自己爸妈离婚与否其实没什么概念，他们特别"拎得清"，只关注"他人对我好不好"，而不会去纠结"对我好的两个人究竟是什么关系"。所以，相比因为父母离婚而受伤，他们或许更会因为父母对自己不好而受伤。

一听到离婚字眼就讳莫如深、上纲上线的，往往是成年人。一个孩子嘲笑另一个孩子的父母离婚，百分之百是成年人给他灌输过"父母离婚的孩子低人一等"这种观念和"幸福孩子的父母不离婚"这种衡量标准。

孩子只是用自我的感觉来感知世界，而成年人用的却是某种约定俗成的"外在标准"。某些成年人的幸福感不是来自内心，而是来自外界。自己的生活状态达到了某个约定俗成的标准，他就觉得幸福。达不到，就痛苦。围观别人的生活时，他们也会这样替别人感到幸福或痛苦。

孩子的世界清澄透明，大人的"内心戏"就有点儿多。

有一次，我跟朋友一家三口一起逛古镇，我女儿见小伙伴走累了就骑到她爸脖子上，很是羡慕。她问我能把她抱多高，我把她抱了起来，抱了几秒以后她就说要下来，说是担心妈妈太累。

每次我谈及类似这种情况，都少不了会有人评论"单亲家庭的孩子有时懂事得让人心疼"，也有人评论"看来，离婚还是对孩子不好"。

可问题是，这些很多都只是旁人想象的"剧情"。

对孩子而言，这真的只是单纯的一件事。它就这么自然而然地发生了，发生了之后他们转瞬就忘。只有大人会无端同情别人，或是无端产生点儿优越感。

比如，也会有人这么解读：相比一累就不肯自己走路的小伙伴，我女儿更懂得照顾身边人的感受。

但实际上，过多评判、过度联想，都没必要。

02 不必将单亲孩子特殊化

离婚多年，我经常会遇到一些人这样问我："我很害怕离婚对孩子造成心理伤害，该怎么避免啊？"我给出的答案是："你不害怕，这事儿对孩子就没什么伤害。你怕，并且表现得怕，那它就真成了对孩子的伤害。"

我很想给这些单亲孩子的父母一个不成熟的建议：永远不要

因为离婚，而过度想象出一些不必要的"剧情"来，不必将单亲孩子特殊化，觉得孩子格外"可怜"。保持平常心，大家都轻松。

大人真的没必要在头脑中想象出一个"离婚后，我和孩子好可怜"的凄凉剧情，也不必因为离婚而对孩子产生极度内疚的心理，进而对孩子过度补偿。否则，你的过度关注和过度补偿，只会让孩子觉得：我很可怜，我很特殊，我需要被特别对待。这样反而不利于孩子的健康成长。

现在也经常有朋友问我，可否写一些如何抚育单亲孩子的文章。

对这个问题，我是这么看的。

第一，我不认为单亲家庭抚育孩子，跟其他家庭有什么不同。

单亲家庭并不特殊，它不过是万千家庭模式中的一种。这世界上还有很多家庭模式，比如父母两地分居的家庭、父母貌合神离的家庭、父母一方残障或有精神疾病的家庭、贫困家庭、留守儿童家庭、婆媳不和的家庭、"爸爸彻底隐形"的家庭，等等，那些父母恩爱、物质富裕的家庭只是一小部分。

从前怎么教育孩子，单亲时就怎么教育孩子。没必要因为单亲，就觉得自家孩子需要特别的关照。本来孩子也没觉得自己有多特殊，可大人总是忍不住替他们觉得特殊、为他们感到悲切，于是，孩子也跟着自怜自艾。

我认为，把"单亲孩子"单独从"孩子"这个群体中拎出来特别照顾，完全没必要。

第二，单亲家庭也分很多种。

有的夫妻离婚后，其中一方就像消失了一样，对孩子不管不顾；有的人会管孩子的一部分事情，但与对新家庭中的孩子相比，关心程度有别；有的人无论离婚不离婚，都会承担好父母的职责。这种离婚后依旧承担父母责任的模式，跟非单亲家庭并没什么不同。作为其中一方，你唯一能做的，是做好自己可以掌控、改变、影响的那部分。

第三，和孩子打交道与和成人打交道有许多共同点。

孩子也是人，是独立个体。你用"一个人对待另外一个人"的基本方式平等地去跟他相处，大概率孩子就不会"长歪"。

现实生活中，很多"问题孩子"之所以会呈现出各种各样的问题，往往是因为他们的父母在跟他们相处的过程中，过分强调"父母"（他们认为的父母的样子）对"孩子"（他们认为的孩子的样子）的方式，而不是"人"对"人"的方式。

第四，在育儿方面，我不认为这世界上有"标准答案"。

育儿专家所能看到的情况有限。你的孩子，你自己最了解，别人的模板未必能套用在你的身上。每个人都只是摸着石头过河，育儿书上的话只不过是给你提供一个看待事物的视角，你可以听一听，但是，最终得自己做决定。

03 "以人为本"的育儿思维

英文里有句话是"Let it be."，翻译成中文是"顺其自然"。"Let it be."和"Let it go."还不一样，它没有"让它过去"的意思，而是尊重它本来的样子。

某些事情，只是"发生了"，是我们自己强加给它很多的定义。而我们的苦恼，往往由这些定义引发。可是，如果我们不定义呢？它就只是一件单纯的"事情"，它只是恰好"发生了"而已。

跟单亲孩子相处，你首先要关注到的是"孩子本身"，而不是外人贴的标签和属性。

这才是"以人为本"的育儿思维。

最好的教育，是在规则制约下的顺其自然，是在爱的润泽中让孩子自主成长。如果孩子是我们养的多肉植物，那么父母所要做的只是给足它阳光、空气、雨露以及必要的关注。仅仅因为孩子是单亲家庭出身，你就给予其过度的关注、补偿、担忧，就像过度给多肉植物浇水，反而会把它给毁了。

不必因为离婚而对孩子产生过度的愧疚

01 有些愧疚，只是"粉象效应"

一个网友说她在女儿三岁时跟前夫离婚了。离婚时，前夫把房子留给她，抵了孩子抚养费。之后，前夫不顾一切离开了她所在的城市，定居在附近的县级市，离她有三个小时车程。后来，他娶妻生子。她一个人带孩子至今，现在孩子九岁了。平时寒暑假，前夫会接孩子去他那边待一段时间，她也从来不阻止前夫见孩子，甚至鼓励前夫来。每次他来看孩子，她为了给他节省住宿开支，还会让前夫睡她家客厅的沙发。本来这样也挺好的，但今年，孩子跟前夫过完年，一回来就哭，说要让爸爸也回来。她一看孩子哭，自己也止不住流眼泪。她认为，是自己愧对孩子。大人婚姻失败，才让孩子如此痛苦。以前孩子小，每次去前夫那边，都开开心心的，可现在女儿大了，开始懂得一些事情了。

她问我，她该怎么处理这个问题？

我是这样回复她的。

心理学上有一个效应叫"粉象效应"：请闭上你的眼睛，然后，在你的心里想象一种动物，但这种动物不能是一只"粉色大象"。但是，等你睁开眼睛，你会发现自己一定会想到一只"粉色大象"。为什么会这样呢？因为让你不要想象一只"粉色大象"其实就是对你的一种心理暗示，而人的大脑对于压制自己的负面想法是非常困难的，一般人的潜意识通常无法识别否定性的词语。这就是所谓的"粉象效应"。

人生处处存在"粉象效应"。"离婚会对孩子造成很大伤害"这种想法一旦进入你的心里，你遇到在非单亲家庭中也会发生的事、听到非单亲孩子也可能会说出的话，就会下意识地往"离婚确实给孩子造成了影响"这方面去想。

就拿这位女网友的案例来说，孩子有情绪或是表达对某种生活的渴望，再正常不过了。比如，孩子可能也说过"我想住更大的房子""我想去看极光"，父母就不会产生太强烈的愧疚感，但为什么孩子一说到"想让父母住在一起"，离异人士就会愧疚呢？究其原因，是因为他们觉得这个事情是个"大事儿"。

可是，"希望父母住在一起"和"希望最好的朋友住到我们家来"二者本质上没太大差别。孩子有了情绪或是表达对某种生活的渴望，"高能量"的父母会稳稳接住这些；"低能量"的父母则会把这件事情放大。一般来说，大人"内心戏"太多，孩子的缺失感就会被强化。那些因为自己家境贫寒而郁郁寡欢的儿童，大概率都拥有一对终日郁郁寡欢、觉得自己低人一等的父母。

02 妈妈们似乎更容易愧疚

我有一个小学同学，她从小生活在一个重男轻女的家庭之中。因为兔唇，因为家庭贫寒，她从小受尽歧视和欺辱，甚至被父亲、兄弟厌弃。她早早就辍学了，成年后她远嫁他乡，丈夫是一个非常懦弱的人。

婚后她生了一个儿子，孩子出生以后家庭矛盾增多。有一回，因为跟婆婆拌了几句嘴，她一气之下跟丈夫说了句"我要跟你离婚"，然后就抱着孩子出门散心去了。岂料，当天晚上，她丈夫就投河轻生了。婆家从此恨她入骨，要求她不得再嫁，要她把儿子抚养长大，给公婆养老送终。可后来，她还是认识了新的伴侣并与他结婚。

前婆家把她赶出家门，并且不让她认自己的儿子，挣扎了一段时间之后，她选择了跟第二任丈夫结婚，并且又生了一个孩子。而前婆婆则一直给她大儿子灌输这样的话："你爸爸是被你妈害死的，你妈为了过好日子嫁人了，不管你了，以后我们就指望你，你一定要好好争气。"

她几次想去看一眼大儿子，可人都还没见着就被前公婆赶出家门。再后来她跑去学校见了大儿子一面，可头几次去的时候，她发现那孩子对她只有满满的仇恨。

好在，孩子长大一些以后也慢慢开始明事理，随着她过得越来越好，也有了一些钱，现在母子俩的关系大为改善。

不过，在全村人眼里，她还是一个"为了过好日子对亲生儿子不管不顾的蛇蝎妇女"。在农村长大的我，对这样的舆论感到很熟悉。一直以来，"不肯为了孩子忍气吞声的母亲"，总会遭受更多的舆论攻击。在我小姨去世后，她的丈夫仍不改家暴本性，他再娶的后妻果不其然也被家暴。某次，她被丈夫割掉半只耳朵后，抛下孩子离家出走逃命去了，到现在都不敢回来。但是，村子里的人却说她："这个女人，心可真狠啊，连自己的孩子都不要了。"

这种事情，并不是个例。一个母亲，若是不堪忍受丈夫家暴或忍受不了丈夫赌博、嫖娼、吸毒、出轨、好吃懒做等行为，毅然决然离开家庭远走高飞，那她们就要承受"心狠""没人性""只顾自己，不配当妈"等评价。

这种脏水一旦泼到女人身上，那些故事里的男人就觉得自己更委屈了。

作为一个单亲妈妈，这些年我也总收到类似的评论，其核心思想只有一个：你真是一个不负责任的母亲，居然做不到"为了孩子忍一忍"。在他们的观念里，似乎如果一个女人当了母亲，那么她连一些"人的基本权利"都不配拥有了。

人们更容易对母亲们提出高标准、严要求。一方面是因为现实生活中，从事育儿工作的多是母亲；另一方面，在主流社会观念里，人们仍然觉得育儿主要是"母亲的事"。父亲们只需要在育儿方面做到 60 分，舆论就给他们打 80 分；而母亲们哪怕做到了 80 分，舆论也会盯着那丢掉的 20 分喋喋不休。母亲们总是轻而易举地被外界评判她们在育儿方面做得"不正确"或是"不够正确"。

这种来自内心和外界的压力，有时候真的很容易给妈妈们制造内疚感。面对孩子时，不管孩子是不是单亲，都是妈妈更容易愧疚：孩子摔了、伤了、哭了，会内疚；忙着工作没时间陪孩子，会懊悔；因忍受不了孩子爸爸的某些恶习而离婚了，会自责；钱赚得不够多，没能给孩子更好一点儿的物质条件，会焦虑；还会担心自己不够成熟，无法引导孩子形成健全人格……我身边的妈妈们，或多或少都对孩子有过内疚情绪，只不过程度轻重有别。

相比之下，爸爸们面对这些情况，似乎就更心安理得一些。比如，孩子摔了、伤了、哭了，他们很少往"自己照顾不周"上找原因，常常是大手一挥，说这是给孩子的挫折教育。他们忙得没时间陪孩子，哪怕妻子同样为养家糊口做着贡献，他们也会理直气壮地找借口，说自己"赚钱养家"了。

在一些离婚家庭中，明明是爸爸们出轨、嫖娼、赌博、家暴、好吃懒做导致离婚，事后却总是妈妈们因为没能给孩子所谓"完整的家庭"而内疚；明明是爸爸们"管生不管养"，事后却是妈妈们不停对着孩子自责，后悔当初自己没能给孩子选择一个好爸爸；明明是妈妈们承担了绝大部分的育儿工作，可妈妈们还是会因为自己忙着拼事业、忽略了陪伴孩子而内疚。

这何尝不是一种更残酷的母职惩罚和以母爱为名的强权？何尝不是"受害者有罪论"和"欺软怕硬"的变种？

如果婚姻是一门考试，你考了90分，离满分差10分，而你的伴侣只考了20分，两人加起来总分很低，一些人却更倾向于苛责你为什么不能考100分，而不是要求你的伴侣"至少得考及格"。

那些人持有这样的观念：因为你更明事理、做人更体面，而伤害你的那个人就是个无赖，根本讲不通道理，骂他们是无效的，所以，大家才会对你提出更高的要求。毕竟，让考 90 分的人考 100 分容易，让考 20 分的人考及格太难。

有些义务，本该是父亲和母亲一起去完成的，母亲多承担了义务，本该享受更多的权利、更宽容的舆论氛围，可现实却是她们一而再、再而三被苛求。

有些人给母亲设定了太高的期待，对母亲们的无私和伟大总是"高标准，严要求"，却对父亲们的自私特别能谅解。不管什么样的女人，只要当了妈，很多人就会对她说"你怎么当妈的"，却极少去指责男人"你是怎么当爸的"。

我真不希望母亲们被架在"神坛"上。母亲们不应被要求伟大，并且这种伟大不能变成了一种硬性要求，达不到这种要求的母亲更不应被千夫所指。我希望人们能不再给母亲这个身份设定过多的义务和"光环"，而是开始慢慢纠偏，强调权利义务的对等。

03 减少无意义地愧疚，理直气壮地去生活

我刚离婚那会儿，心理能量在很长一段时间里处于低位。为了把离婚对孩子的影响降到最低，我差点把自己憋出了"内伤"。明明内心已经很虚弱，在孩子和父母面前我还得强颜欢笑，表现得无所畏惧、毫发无伤。在传统的观念里，这才是一个母亲"正确的做法"。可这种扮演行为，加剧了我的内伤。

我后来觉得：为什么呢？凭什么呢？我明明很不开心，但我

为什么不能直白地告诉孩子"我就是不开心",为什么我不可以在孩子面前痛哭一场?除了母亲之外,我还是一个"人",我也是一个受伤了会疼、难过了想哭的"人"啊!难道做了母亲之后,我连"人"的许多基本权利都没有了吗?

某一天,我带孩子去出去晒太阳。孩子因为我没法立马满足她的要求而哭闹,我终于忍不住了,崩溃大哭。孩子见我哭,起先被吓了一跳,但她马上意识到自己刚刚可能不对,停止了哭闹,伸手抱我,就像在跟我说"妈妈不哭"。然后,我哭得更凶了。哭完了,我再去跟不到一岁的她解释:"妈妈刚才哭,不是因为你,而是妈妈本来就不开心。"那一场哭,看起来挺丢脸,但的确是情绪的释放,事后我感觉极为轻松和畅快。对孩子来说,她可能也不需要一个为了她佯装坚强的妈。我这才意识到,过去的强颜欢笑,只是在自我感动。

离婚后,我就离职创业了。有很长一段时间,我也会因为自己没有足够的时间陪孩子而内疚。我就像《小王子》里那个酒鬼,因为喝酒而感到耻辱,又因为感到耻辱而想通过喝酒的方式忘记耻辱,结果,一直喝酒,一直自觉耻辱。可后来我发现,自我攻击,实际上也是一种无意义的内耗,是完美主义者"破罐子破摔"的起源。归根结底,是我们对自己不太好,无法接纳那个不够完美和全能的自己而已。

愧疚其实是一个人有"人味"的体现。这是人类拥有的一种很高级的情感,它只产生在有同理心、有换位思考能力的人身上。

　　适度的愧疚，可以帮助我们更好地认识自己以及自己与周边人的关系，也有助于我们改正自己身上的毛病，与他人共建更和谐亲密的关系。但是，过度内疚，或者说，一个人在不该愧疚的时候总有愧疚感，则是自我不够强大的表现。

　　愧疚分两种，一种是有意义的，一种无意义的。比如我愧疚自己没太多时间陪孩子、没空锻炼身体，那么，愧疚就有机会转化为让我多陪孩子、多锻炼的补救行动。另外一种愧疚，则是毫无意义的。比如，自己没能让孩子出生在钟鼎之家或是孩子出生带有疾病等，自己没法改变却自以为可以改变，但又不付出任何有意义的补救行动，才会愧疚。

　　补救行动也分两种，有意义的和没意义的。有意义的补救，是接受事实，让一个既成事实的负面影响减到最低。贫穷你就去努力奋斗，病了你就去医治，山穷水尽你还可以尽力看开。无意义的补救，是拒不接受事实，是错误归因，甚至以转移矛盾、逃避既有问题甚至制造更多新问题的方式去"补救"。比如，孩子哭诉父母离婚不好，就马上后悔自己的选择甚至跑去复婚。

　　我以前也是一个完美主义者，发现自己做得不够好时，就陷入"自我攻击"。比如，某天晚上七点，我在电话里答应女儿马上回家，然后陪她去逛超市，结果我八点才加完班匆忙赶回家。出了电梯门，我就看到了一个小凳子，女儿说她搬了这个小凳子坐在电梯口等妈妈，一有人从一楼上电梯就以为妈妈要回来了，结果一等就是一小时。我一看到这个小凳子就眼眶湿了，内疚得不行。回到家，我花五分钟吃完饭，换了平底鞋，赶紧开车带她去超市。十点半回到家，洗漱完差不多已是十一点半。女儿说要等我一起睡觉，我说"马上就好"，然后，我立刻开电脑打印明早需要快递寄出去的文件，但电脑和打印机都出现了故障，女儿都睡着了我还在尝试修电脑、修打印机……也就是说，那又是一个没空陪她聊天、读书的夜晚。睡觉之前，我难过极了，我甚至开始怨恨起自己来：如果二十岁的我知道现在过的是"按下葫芦浮起瓢"以及"陪娃和工作、健康和拼搏不能两全"的生活，我一定会好好努力，好好锻炼，好好做出每一个选择。

后来，我告诉自己：没办法陪孩子，是因为我还有养家糊口的重任在身，我几乎已经没有任何娱乐和消费的时间了，我何苦还要再苛求自己呢？我一直在为过去的事情自责、内疚，这不就是"为了打翻的牛奶哭泣"的行为嘛。牛奶打翻了，我就倒杯咖啡，没关系的啊。

所以，放过自己吧，人生已经够艰难。只有放弃"自我攻击"，你的心理能量才能得到保存，你才有气力去战胜眼前的困难，让事情朝着好的方向去发展。

如果孩子喜欢后妈，怎么办

01 爱是成全，不是独占

我有一位朋友，她 18 岁就跟前夫恋爱了，两人相处七年后结婚，婚后两年生下孩子。孩子出生后，她发现前夫变了，他老是不停找她的麻烦，总说要和她离婚。之后，她发现前夫出轨了，还是在孩子出生之前就找了第三者。她试图选择原谅，可是看不到他丝毫的悔意。当她坚决要离婚的时候，前夫又开始觉得全世界都对不起他。

他对她说："一切都是你的错，娶了你这样的女人，是个男人都会想出轨。"最终，两人还是离婚了。离婚后，等孩子快到上幼儿园的年龄，她把孩子接到了自己身边来照顾。

父母都帮不上忙，她的收入又不够请保姆，她就一个人带孩子。她每天上班前，送孩子去早教班，下班后去接，每天有洗不完的衣服，做不完的事，孩子一生病更是觉得应付不过来……但是，大部分时间，她觉得日子过得很充实，身体虽然累，但是心里挺满足。

某个周末，孩子爸爸接孩子过去玩。回来后，孩子就说爸爸家里有一个阿姨，她才知道孩子爸爸已经找了一个年轻貌美的妻子。

孩子回来后，告诉她："妈妈，我爱阿姨，那个阿姨是爸爸的老婆，也是我的好朋友。"

孩子爸爸送孩子回来时，孩子一步三回头，不停地跟爸爸说："明天要来接我哦。"

看到孩子这样，她觉得自己紧绷的弦突然断了，自己强撑着的那口气没了，心里非常难受。

她觉得自己每天这么辛苦地照顾孩子，却抵不过"那个阿姨"的小玩具、小零食。她知道这些都不怪孩子，因为孩子还小，可是她就是想不开。发展到后来，她一看到孩子就很烦，骂了他很多次"白眼狼"，还一度气得把孩子关在了房门外面。

她问我："羊羊姐，我要孩子的抚养权是对的吗？我这样付出是对的吗？我还应该如何坚持下去？我到底要怎么办？现在我一想到年轻貌美的女子坐着我坐过的车，就很不爽。看着自己生完孩子还没有完全恢复的身材，想想自己最美好的那十年，想想现在的自己，我心里非常不爽！我辛辛苦苦养的孩子，要是轻轻松松地就被孩子爸爸他哄骗过去了，那我怎么承受得了？"

这位朋友的心情，我非常能够理解。自己为孩子付出一切，在照顾和抚养孩子方面可谓殚精竭虑，但孩子爸爸稍微对孩子好一点儿，孩子就跟爸爸更亲了，这就像自己精心栽培的果树，到收获时却被仇人摘了胜利果实。

出现这种情况，换谁都会有点儿"吃醋"。如果我的孩子跟爸爸更亲，我也会有点儿"吃醋"。吃这种醋，只要不过分，本是人之常情。但是，大骂孩子"白眼狼"，甚至把孩子赶出门外，实在不是一个爱孩子的母亲应该做的。

孩子因为爸爸付出一点儿小恩小惠就被"收买"走了，跟爸爸更亲了，或许我们也该反省一下自己在养育孩子的过程中，是不是有什么不良观念、不良习惯和不良行为，导致孩子对那些小恩小惠、对那边和谐欢乐的氛围渴求至此？又或者，我们是不是应该给予孩子更多的理解？孩子也许只是表达对这种生活的渴望，并不等于否认你的付出、你的辛苦。母亲因为孩子的一句话就感到受伤、大发雷霆，是因为自己内心深处也有很大的恐惧、不平和委屈，但这份情绪本不应该由孩子来承接。骂孩子"白眼狼"、说前夫"收割胜利果实"，并不能真正地解决这个问题。

如果我们因为看到孩子在前夫和"那个阿姨"的家里过得开心，自己内心就升起万千嫉妒和不爽的情绪，那我们首先需要观照内心，看看自己对孩子的爱是否够纯粹。爱一个人，当然是希望他快乐，当然是希望全世界除了我们自己之外，还有其他人能给他足够的温暖和善意。倘若，别人给他这些，我们却生气、不爽，那这不是爱，这只是一种独占欲、一种掌控欲。如果你希望你的孩子完全属于你，希望你孩子的人生、喜好、情感、未来都由你来掌控……这可不是一种良好的心态。

可以看出来，离婚后，这位女性朋友把孩子当成了主心骨，她的世界中就只有孩子一个人，若不是如此，她很难熬过那段灰暗的时光。但也正是因为如此，她对孩子产生了独占欲，对孩子生出了"一体心"，她希望孩子能体谅她的辛苦和痛苦，完完全全和她站在同样的立场上面对前夫及"那个阿姨"。也就是说，她骨子里渴望和孩子活成"连体婴"，但现在却不得不接受"孩子是另外一个完全独立于她的个体"这一事实。

真正的爱，是成全，而不是控制和占有；是给予、不求回报，而不是索取、计较和量入为出。如果前夫对孩子好，孩子也愿意跟他爸和"那个阿姨"亲近，我欢迎和夸赞还来不及，这是好事啊。父爱和母爱不该是排他的关系，孩子完全可以同时拥有。一个有自信、有安全感的母亲或父亲，无须靠"孩子的回报"来确认自己付出的母爱或父爱是否值得。那些不停计较孩子更亲近谁的父母，本质上可能并没有把孩子当成一个独立的"人"去看待。咱们做人也好，做父母也罢，真不该这么狭隘。

02 爱是通透，不是执着

就拿我自己来说，刚离婚那会儿，我也会无数次在想象里把前夫打得鼻青脸肿，但我也只是想想而已。理性告诉我，他是孩子爸爸，孩子需要他。我不能因为自己与他的恩怨，阻断孩子和爸爸之间的亲情。为此，我甚至还提早对孩子进行了"后妈"教育。

我跟孩子一起听《白雪公主和七个小矮人》的故事，我告诉她："这个故事里的后妈，只是一个虚构的角色。现实生活中的后妈，有很多种，有的后妈对继子继女挺好的。如果你爸爸找的阿姨对你很友好，那你也要对她友好，知道吗？多一个人对你好，妈妈也会很感激她。"

我说的都是真心话。

生活已经那么艰辛，我不想再被那些虚无缥缈、伤人伤己的虚荣心、独占欲、控制欲控制，到处树"假想敌"。既然一个陌生人对孩子的"友好"，我都可以欢天喜地地接受，那么前夫的伴侣对孩子的友好，何不欣然受之？

这在我看来，可是个天大的好事啊。若是前夫和他的伴侣愿意，我甚至可以邀请他们来家里做客，出席与孩子有关的一些有意义的活动。我丝毫不会觉得，这是对我自尊、利益的伤害。

离婚又不是打仗，不是所有的离婚当事人都要闹到不共戴天。一些离婚了的夫妻依然能带着各自的再婚伴侣为孩子们聚在一起，这事儿我是非常神往的。只是能有这种格局和肚量的人还是太少，我很难找到与我想法相近的人。

我没有和已分手的前任做朋友的习惯，但因为跟前夫有了共同的孩子，在涉及孩子养育问题上，我们还是利益共同体，所以目前我与他相处良好。这世界上哪有永远的敌人，只有永远的利益。人到中年，年轻时候那些你伤害过我、我辜负过你的小情绪，已对我无足轻重。

对于一对已离异的夫妻来说，核心利益就是"共同的孩子"。不管是结婚还是离婚，都只是和那个人携手走过一段路或是分开走，没必要把这当成一场你死我活的战争。

有没有那个人，我们都是我们自己。人生也好，婚姻也罢，其实都不过是一趟旅程。大家都没必要因为到了某个岔路口要分开旅行，就要死要活。

　　人生苦短，如白驹过隙，何必太过执着？活通透了的人，大多不和别人过不去，也不和自己过不去。倘若我们真的都能领悟到什么才是真正的爱，并且学会去爱，那我们的世界应该会更加广阔吧。

别把对前任的恨意，投射到孩子身上

01 父母不该以基因为借口逃避责任

一个富家千金，顶着父母的反对跟自己看中的男人结婚，但婚后两人相处得非常差，离婚时也闹得很不愉快。那个男人分走了她家一大部分财产，留给她一个顽劣的儿子。后来，她带着孩子再嫁，她的第二任丈夫是一个很温暖的人，两人又生了一个儿子。她感觉两个孩子差别很大：跟前夫生的孩子很像前夫，性情顽劣；跟现任生的孩子很像现任，非常乖巧、让人省心。于是，她总是掩饰不住对大儿子的厌恶，不停在大儿子面前感慨"基因的力量真的很强大，自己的优质基因被前夫的劣质基因污染了"。

这个故事看得我心里很不是滋味。大儿子到底有多顽劣，是什么造成了这种顽劣，我们不得而知，但从这段表述，我们可以清晰地感知到这位母亲对大儿子的厌恶和嫌弃，而且她是把对前夫的厌恶投射到了大儿子身上。

这位女士出生在富裕家庭，再婚后又遇到良人，生了一个乖巧的儿子。她的一生大体上是顺风顺水的，唯独跟前夫那一段历史，可能是她最想抹去的。而大儿子是她不得不接受的存在，是她曾经有过不堪历史的"证据"。也就是说，大儿子明明是一个活生生的、独立的个体，却被她视为"自己的优质基因被前夫的劣质基因污染过"的证据。

可是，即使"父亲的基因对孩子性情的影响很大"这种观点站得住脚，即使全世界都在说大儿子之所以顽劣是父亲的基因所致，母亲也应该站出来维护孩子。站在大儿子的角度，他做错了什么呢？从出生以来，他的父母就在吵架，好不容易等父母离异了，他却只能跟随着一个厌弃自己的母亲生活。母亲带着他再嫁，他需要跟继父、同母异父的弟弟相处，他面临着跟新的家庭成员磨合的问题……这中间，有谁关注过他的分离创伤以及对新家庭的适应问题？

我的一位朋友跟前夫离婚多年，孩子现在都大学毕业了，但她每次说起孩子身上某些让她看不惯的行为，就说："这种行为简直跟她爸一模一样。"

另外一位朋友的父母虽然没离婚，但她妈妈一辈子都恨她爸爸。以前，不管她做错什么事，她妈妈都会冲她说一句"养种像种"。

说真的，我觉得这是一句很没逻辑、缺素养的话。一个最简单的道理是：父亲是独立的个体，孩子也是。父母之间的恩怨是夫妻俩之间的事儿，把孩子扯进来做什么呢？孩子也是母亲生的，为什么孩子出现问题的时候，母亲就不说是自己的基因导致的呢？

孩子犯的很多错误，其实是本性使然。孩子也是人，是人就不可避免会有贪婪、懒惰、自私、任性等缺点，他需要父母引导和约束。

基因和环境，哪个对一个人的影响大？我觉得这个问题没有标准答案。人的成长是多因素共同作用的结果，没办法把两个因素单独割裂出来做比较分析。

基因可能决定了一个人的偏好，进而影响其选择，但环境也会潜移默化地影响性格，促使人在不同情境下做出不同的选择，这种选择也是性格的外在体现形式。

日本音乐教育家铃木镇一说："遗传有遗传的法则，能力有能力的法则。能力与遗传法则无关，能力是在不断适应生存环境的过程中获得的。"

强行把孩子的错误跟自己憎恶的人的基因挂钩，并简单粗暴地归因，以逃避自己的管教责任，本身是一种非常不负责任的心态。

作为父母，你要先把环境问题解决了，把自己"为人父母"的能力锻炼出来，尽自己所能给孩子一个好环境，这比动不动就把孩子出现的问题归结于基因不好，显然要恰当得多。

02 父母不该给孩子不良的心理暗示

我自己也是一个单亲妈妈，在前段婚姻里受尽委屈、伤痕累累。真要论起在前段婚姻里感受的愤懑，"仇怨深重"是有的，只是时过境迁，我早不在意了。然而，离婚后，在孩子面前我从来没说过半句前夫的坏话。

我跟孩子解释离婚这事儿，就是"跟你爸爸住在一起，我们两个总吵架，都不开心。现在分开住了，我们不吵架了，也变开心了。"

对这个理由，孩子非常能接受，她也觉得不住在一起各自开心，比住在一起天天吵架要好。

孩子对于父母离婚这事儿，有一套她自己的"理解方式"，我女儿曾说："爸爸妈妈分开住的时候玩石头剪刀布游戏，妈妈出了石头，爸爸出了剪刀，妈妈赢了，所以得到了奖品，这个奖品就是我。"离婚以来，我从不在孩子面前说她爸爸的坏话，也从来不在孩子面前表露对她爸爸的厌恶。孩子现在以她爸爸为傲，也喜欢去她爸爸家。

当初，前夫是我自己从茫茫人海中选出来嫁的。他能让我在人群中多看一眼，说明他的某些品质当初确实吸引了我。最终，我发觉自己选错了，那我也能为选错负责，不会因为最终结局不好而否定当初的眼前一亮。

我的女儿八九岁的时候，进入第二个叛逆期，身上也有一些坏毛病。每当这些坏毛病出现时，我第一反应是"我是不是哪里没引导好"，而不是"这孩子一看就是随了她爸"。我相信我的孩子同时继承了我和孩子父亲的优良基因，她将来一定会比我和她爸爸强。哪怕将来她没有成长为比我们更优秀的人，我也觉得这种"笃信"对她的成长很重要。

把孩子的顽劣赖给伴侣的基因实在太容易了，你也可以因此觉得自己没责任，可事实上真是这样吗？一个母亲若是长期在孩子面前说"你跟你爸一样糟糕"，或者仅仅向孩子表露出这类情绪、想法，孩子长期接受这种心理暗示和母亲不自觉投射到自己身上的对父亲的厌恶感，慢慢地真会长成"歪苗"。

　　心理学家罗森塔尔教授曾经做过一个实验：在一所普通中学随机挑选了十几个学生，然后告诉他们的老师，说这些学生智商很高、他们很聪明。

　　过段时间，教授再去那所中学，发现他随机挑选的那些学生成绩有了显著的提高。罗森塔尔教授这时才对他们的老师说，自己对这几个学生一点儿也不了解，他们学习成绩提升，应该归功于老师对他们以及他们对自己的"心理暗示"。

　　心理暗示对人的影响作用是很普遍、很强大的，我们成年人都很难摆脱它的影响，更何况是儿童？

　　对于孩子来说，父母是最值得信赖和依靠的人，一旦父母把"像某人一样差劲"等标签加到孩子身上，必然会影响到孩子的自我认知、自我评价，这会让他们形成不良的心理反应和行为模式。

　　原本只是一个小错误、小缺点，在心理暗示的影响下，可能会变成一个不良标签、坏习惯，进而很可能影响孩子的一生。

03 放我们的孩子到阳光里去

　　我曾经在一篇文章里写过金庸小说笔下的一个女子：《书剑恩仇录》里的玛米儿。虽然这部作品中的故事是虚构的，但这位女性的一些思想，其实仍旧存在于当今时代许多人的头脑中。

　　玛米儿为了部落子民，主动献身暴君并生下了孩子。她自始至终认为自己生的孩子是一个"孽种"，当她的部落族人和心上人打入暴君的城堡内部却不幸遇难后，她不惜亲手摔死自己与暴君生的孩子。

在玛米儿的潜意识里，孩子对她而言，只是暴君的附属物，是她的报复工具，她并没有把孩子当独立的个体去看待，而是把愤怒转嫁给了这个弱小的孩子，我认为这就是玛米儿这个人的局限。

从人类的自然属性来说，女人怀孕后会产生孕激素，这种激素会让女性产生保护孩子的本能，这跟自然界中母兽生崽后为了护崽表现得极具攻击性是一个道理，这是人类物种延续的本能。

但是，从人类的社会属性来说，如果一位母亲过于认同某些社会偏见，比如，认为"女人生孩子是为了男人生的"，认为"我生下来的男孩是男人的后代"，便很容易顺从这些观念，而丧失护犊本能。

一个合格的母亲，应该希望自己的孩子到阳光里去，而不是把孩子当成"假想敌"，将其放到黑暗中去。

每一个孩子都是一个独立的个体，都有自己的特质、个性和思想。他不是谁的复制品，也不是谁的作品，他是一棵需要你浇水、施肥、保护、培养的苗。

那些曾被侮辱、被伤害，却一直在不遗余力地提升自己的认知、极力避免将不幸延续到下一代身上的父母，更值得我们敬佩。他们的伟大和善良，就体现在他们愿意用自己的身躯抵住黑暗的门，放自己的孩子到阳光里去生活、成长。

这样的父母才是真正的英雄，才真正配得起"父母"这个称号。

勿把不幸怪在父母的婚姻状态上

01 学会理解父母的选择

我曾经收到这样一条留言："作为一个 5 岁时父母就离婚的孩子，我真的恨他们。他们不是因为第三者，也没有什么深仇大恨，就是性格不合。我真的想不通，这有什么不能忍的？要不是因为他们离婚，我觉得我不会过成现在这样。"

这位网友的认知让我觉得有点儿小震惊。

我跟他说，我觉得这就是典型的"慷他人之慨"。你能跟班里三观性格不合的人一起玩一年吗？你们还得尽可能地不吵架，表现得很和睦。你和同学的关系算是弱关系，大家只是在同一个教室上课；而夫妻关系是"强关系"，两人是要住在同一个屋檐下、吃同一锅饭、睡同一张床、用同一个洗手间的。若是不和，你知道"凑合"下去对双方而言有多痛苦吗？你应该要允许你的爸妈，离开让自己感到痛苦的人。

听到这里，他又问："既然要离婚，那当初干吗要结呢？"

我回答道："人生是一个动态的过程。人会变，环境会变，那么，人的选择也会变。今天喜欢苹果的人，明天可能会喜欢梨。昨天一闻到榴莲味就犯恶心的人，某天可能爱上榴莲且欲罢不能。人连口味都能变，还有什么不能变？那些曾经很相爱的人，后面可能也会互相怨憎。我们跟朋友相处，也有可能一开始和对方亲密无间，后来却因为三观不合渐行渐远。

提问的这个网友是未成年人，他会产生这样的认知，可能是因为他的父母在离婚后，对他的思想引导不到位，这是需要他的父母去反省的问题。而这位网友可能也需要花点儿时间思考一下"哪些事是自己的事，哪些事是别人的事"。父母首先是"人"，然后才是你的父母。让父母完全为了你而活，为了你而忍受自己完全没法忍受的人，这对父母来说也很残忍。

"父母的婚姻"跟"我们的人生"，其实只是"强关联关系"，不是"因果关系"。我们不必把自己的不幸归因到父母的婚姻状态上，也不需要为父母的婚姻状态负责。

我小的时候，经常会有一种莫名其妙的责任感，认为我对我爸妈的不和睦负有责任。他们时常能为一片菜叶子、一个土豆，吵得不可开交。那时候，我的认知不够成熟，我就觉得：这都是因为我家太穷了。如果我家拥有几亿片菜叶子、几吨土豆，我们把这些菜叶子、土豆全都丢弃了也不心疼，或许他们就不会吵了。

然后，我就很努力地学习，因为对我来说那是最低成本的改变命运、带领全家脱离贫困的途径。但是，靠读书改变命运、获得回报的时间实在太久了。于是，我也曾介入过我爸妈的争吵。比如，我妈因为我爸忘记把家里的大粪背到某丘田里，在家里吵得不可开交。我就在做完作业之后，一个人把大粪一趟趟地背到了某丘田里。结果，我找错地方了。某个区域内，我家有两丘田，那些大粪需要背到甲田里，但我背到了乙田里。我妈知道后，当着我爸的面，劈头盖脸骂了我一顿。

我委屈极了，哭个不停，心想我也只是想为这个家庭做点儿事情，可最终怎么却得不到父母的夸奖，反而得了一顿骂呢？要知道，那会儿我才9岁啊。后来，我妈避开我爸，跟我说她骂我主要是骂给我爸听的。我感到万分不解：你觉得我爸做错了事，为什么不骂他，而是骂我给他听？

后来我上初中，我家建房子时发生了一件事：我家跟甲家买了宅基地和宅基地上的旧房子，钱款都已经付清了，但准备拆旧房子时，甲的弟弟站出来说那房子有他的一半，不允许我家拆。甲家的老太太抱住工人的腿，说谁要拆房子就跟谁同归于尽。我家找了村里人沟通和斡旋，但他们和甲家都是一个宗族的，没人帮我家说话。我家房子建到一半就这样搁置了几年，围墙建不起来，院子中央也成了公共道路。然后，我妈没法处理这些糟心事带来的负面情绪，她就每天在家里谩骂、指责、抱怨、控诉我爸。每天从早到晚，我耳朵里充斥着的都是骂声，心理压力是很大的。我那时候就在想，如果我能挣到钱，把钱付给了甲的弟弟，这个事情是不是就可以过去了？我家是不是就可以安静了？

那时候我才11岁，我给我的班主任写了一封长信讲述了整个事情的来龙去脉。在那封信里，我想向班主任借钱，说等我将来有能力了再还给他。但我终究还是没把信给出去，因为我怕被老师拒绝。现在想来，我多幼稚啊。这件事情跟我有什么关系？

跟班主任更是没有丝毫的关系。

很多年过去，我也步入了我爸妈曾经为针尖大的事情也要大吵一架的年纪，我才明白以下几个道理。

第一，我父母的不睦，只跟他们自身的性格、认知层次等有关，跟家庭资源的多寡无太大关联。实际上，经过我多年的努力，家里的经济条件已经好了起来，他们还是会为针尖大的事情吵架。我之前认为"只要我家不穷了，父母就不会吵架了"是错误的认知。

第二，我父母不睦，那是他们自己的问题，儿女没有义务为父母的婚姻关系负责。儿女任何时候都不需要觉得自己应该为父母的关系承担责任，更不必为此感到丢脸。不越界就不会痛苦。这些领悟，对于我处理现在跟女儿的关系是很有帮助的。

第三，"为了孩子不离婚"是一句愚蠢的话。相比父母离婚，父母关系不和却坚决不离婚的家庭才堪称"地狱"。人生一直很艰难，但这种"拿孩子当彰显自己道德、掩饰自己懦弱的工具"的行为，实在高尚不到哪儿去。

看到外公外婆的相处模式，女儿有时会问我："妈妈，如果你和爸爸不离婚，你们也会相处成这样吗？"我说："有可能哦。"她便回答道："那我觉得你和爸爸分开住，特别好。这样我们三个都开心。"

很多时候，我也得承认，离婚对孩子有影响，它只是一种"退而求其次""两害相权取其轻"的选择，人活一世，难免会遇到"崩盘"的时刻。若是这种时刻来临，你就得学会止损。而离婚，就是止损。

作为孩子，也得理解父母的止损行为。你要知道，如果他们不及时止损，这个家庭可能会坠入不幸和痛苦的深渊，而你身处其中，也会因为父母的"强行凑合"而伤痕累累。而如果离婚，他们只是悬崖勒马，放自己和你"一条生路"，哪怕这种选择在你看来不够好。而你需要明白的一点是：你所想象的"如果父母没离婚"的幸福生活，真的只是一种"想象"，只是"看上去很美"。父母真要是为了你凑合一辈子，"父母不和"的这种烦恼也会跟随你一辈子，我就是一个例子。

我的父母不相爱，对我而言重要吗？答案是：重要，但也不重要。

如果他们相爱，也许我从小会有一个温馨和谐的家庭，过年过节时我能感受到一种其乐融融的氛围。如果他们相爱，就算现在他们老了，都遭遇病痛了，他们也能用心照顾好彼此，让儿女稍觉宽心。

如果父母不相爱呢？我已经有能力承担起自己的人生，甚至有能力拖着全家人往前行，他们是否相爱是他们之间的事，对我而言根本不重要。

当你真正长大以后，看着那一对从未得到过幸福婚姻的父母，内心里居然会生出一丝柔软来，你甚至会可怜他们一生都没有遇到过爱情，没得到过来自伴侣的珍惜和善待。

对自己的原生家庭，年轻时候，我选择逃离；人到中年，我选择拥抱、理解、接纳和改善。我有什么样的遭遇，身上有怎样的缺点和毛病，那都是我自己的问题，因为我已经是个成年人了，有自我觉醒的能力，能对自己的人生负起全责，不想让原生家庭"背锅"。原生家庭对我们造成影响，但影响不了我们的一生。对孩子，我也是这么讲的。

自从分清楚哪些事是我的、哪些事是别人的，日子就过得神清气爽。对父母，千万不要有拯救欲和改造欲。能帮他们，就帮一把；帮不了，就安然接受。那是他们自己选的路，后果也该由他们承受，与我们无关。

我们宝贵的能量，应该放在自己身上。

02 你可以脱离原生家庭，亲手创造属于自己的人生

我认识一个邻村女孩。她在该上学的年纪不好好读书；辍学以后，又不好好工作，各种拈轻怕重，现在索性回家让老妈养着了。她妈现在五十多岁了，还得去建筑工地上打工养活她，而她现在最常说的一句话是："都是因为你们离婚，才导致我今天成了这副样子。"

坦白说，听到这话，我为她感到羞耻。类似的话其实挺耳熟的，相信很多人都听过，毕竟，把不幸归因于别人，比归因于自己简单太多了。真的是父母离婚造成这个女孩不成器吗？不，是父母对她的引导、教育以及她自己的"拒绝成长和担当"，造成了这一切。

不管离不离婚，父母都要对孩子负责，好好引导和教育孩子。不管父母离不离婚，每个孩子都得向上生长，学会自我负

责。如果一个孩子把"父母离婚"视为自己成长过程中的拦路虎，按照他这种思维，即使父母没离婚，他也会把自己不成器怪罪到其他事情上。比如，自己家里穷、上的学校不好、遇到的老师不行。

原生家庭糟糕，你的人生就一定很糟糕吗？未必。

原生家庭对一个人的影响确实非常重要，你的三观、为人处世的方式、择偶观等，其形成都可以在原生家庭里找到原因。但是，若将自己人生的不幸都归因于原生家庭，实际上是否认了自己对自己的人生也负有责任。

我们成长的环境，都有可能会对个人造成影响。你长在"高寒山区"，就注定要承受风霜雨雪；你长在"温室"里，也要承担若温室拆了，你有可能经不住风吹雨打的后果。没有任何一个人的原生家庭是完美的，真要诉苦，每个人都能讲出一万个例子来。

从另外一个层面来讲，只有原生家庭才会影响和伤害一个人吗？学校、朋友甚至路上偶遇的事件，都可能会影响到你。只有童年的经历才会影响一个人吗？成年以后，老了以后，我们就不会受到环境的影响，不会再遭受到伤害了吗？

月亮会有阴晴圆缺，走近看，它的表面也是千疮百孔。没有人能拥有事事如意的人生。

仔细想想，活到现在，我们也曾遇到过很多美好的事情，这些美好的事情也会对我们产生影响，为何很少有人关注呢？整天抱着"受害者"的心态过日子，让原生家庭为人生失败"背锅"，实际上是一种错误的心态。

除去那些穷凶极恶的父母，绝大多数父母都是普通人。有时候，站在他们的角度想一想、看一看，可能还会觉得心疼，因为他们的生存环境比我们更恶劣，与我们相比，他们吃过更多的苦、受过更大的难。他们的父母可能已经入土，他们的人生也曾过得那么艰难，又去找谁负责去呢？

不停控诉父母，只会让自己戾气更重。而透过父母的局限去认识和疗愈自己，并且以更宽厚的爱和更科学的方式去滋养下一代，这才是一个更值得期待的美好过程。

女儿两岁的时候，我曾经给她写过一封信，希望她长大了以后能看懂，我想把这封信里面的部分内容分享给大家：

"永远不要因为父母离婚给你成长造成不愉快而指责我们，因为即便我们为了你一直没有离婚，你也会有另一种成长的不愉快，甚至可能比父母离婚带给你的不快更甚。

"你也没法让时光倒流来让我们重新选择，因为如果真有得选，我们可能宁愿不认识彼此，那也就不会有你的存在。你需要做的，是把握好自己的生活，尊重父母做过的所有选择。

"离婚只是爸爸妈妈个人的选择，我们的婚姻状态也跟你没关系。跟你有关系的是什么呢？是爸爸对你好不好、妈妈对你好不好。即使爸妈离了婚，你也依然是我们的孩子，我们依然会对你好。

"一个人若愿意成长，何处不是土壤？家庭是影响你成长的因素，但更关键的因素在于你自己强大的领悟和自省能力。你长大后可以勇敢地脱离我们，再生自我，可以尽量让自己的人生活得和父母大不一样。

　　"实际上，那些家庭氛围很好的孩子，也不见得没有烦恼。家里穷、家人患病、家庭遭遇变故等，都是烦恼源。但这又有什么关系？每个人都要在长大后不同程度地再生自我，抛离原生家庭给自己带来的影响，往更开心、更自由、离梦想更近的方向走过去。

　　"成长总会有各种境遇，先接纳它，再超越它，你的人生会因为你自己的努力而变得更加丰盛。届时再回头看看当初你认为的'烦恼'，你会发现它早就不算事儿了。"

单身育儿不易，不必过分焦虑

01 过日子，鸡飞狗跳是正常的，对自己少点儿苛责

一些电视剧里的单亲妈妈们总是显得特别厉害。她们不用父母帮忙也不用请保姆，却总能"一手忙事业，一手忙孩子"，而且两方面都忙得挺好。这种剧，看得我也很疑惑，我觉得要达成这种状态，每天24小时根本不够用啊，怎么着都得72小时。

网上有一个带三个孩子的单亲妈妈，每天打扮得特别精致，连发丝都不乱，说着一些特别豪气、飒爽的话，跟孩子的互动也很温馨……直到最新一期视频中，她说请了三个人陪三个孩子去拉萨玩，观众们才发现，这确实是大多数普通人达不到的状态。

普通单亲妈妈的生活，很难做到这么优雅。更真实的生活往往是这样的——美好的一天，从鸡飞狗跳的清晨开始。你前一天晚上凌晨3点多还在工作，第二天9点就得送女儿找她朋友玩。一大早，看到女儿房间里散落一地的垃圾，整个房间下不去脚。再看到她昨晚煮完泡面后，连碗筷都不收拾，你气不打一处来。孩子发起床气，说自己找不到合适的衣服和鞋穿，你一看，她的裤脚又高高挽在了脚踝之上。你给她挑好当天穿的衣服，她又不满意，嘟嘟囔囔个没完。一阵鸡飞狗跳之后，母女俩终于出门。

路上你女儿拿出一个小光盘，问你能不能在车载 CD 机播放，你想都没想就把小光盘插到了 CD 机里——这下好了，CD 机接纳的是大光盘，小光盘吐不出来了，车载 CD 也用不了了，你不知道要去汽修店花多少钱、多少时间才能拿出来。到此，你终于忍不住了，大骂了你女儿一顿……后来一想，你才意识到，这事儿是我干的，我骂她干什么？

给孩子买钢琴之前，你想象中的画面是：女儿穿着白纱裙，手指飞舞，钢琴曲如行云流水般被弹奏出来，你脸上露出慈祥而欣慰的笑容。买钢琴之后，真实场景却是这样的：你穿着睡衣叉着腰，对眼角堆着眼屎的女儿怒目而视，以河东狮吼之势要求她去练一会儿琴。而她极不情愿地坐到钢琴前，趁你不注意"邦邦邦"乱弹一通。后来，你甚至看到钢琴盖上已经积灰尘了，征得孩子同意后，钢琴课终于停了，你也解脱了。

你所幻想的生活场景是：假日的午后，你躺在藤椅上看书，孩子则在一旁玩玩具。一阵大风吹过，你伸了伸懒腰，惬意地睡去，做了个甜梦。可真实的生活是什么呢？你发现假日的午后你也没什么空看书，你手忙脚乱地收着阳台上的衣服，嘴里不停催促孩子赶紧去上课，蚊子还不停来叮咬你的腿，外面传来恼人的装修声。一阵大风吹过，不知哪家阳台上晾晒的塑料袋猝不及防地被吹在了你脸上。

在"一人吃饱，全家不饿"的二十几岁时，我也搞不懂那些中年人到底在忙些什么，搞不懂他们为什么没空好好出去看一场电影，毕竟看电影花不了几个小时。

可是现在，之前我不懂的，现在都懂了。

作为一个单亲妈妈，经济上其实我并不捉襟见肘。我的贫穷，主要是时间上的"穷"。

如果作为职场人，生活已经是"困难模式"；那么职场妈妈，就是"困难的平方"；职场创业妈妈，是"困难的三次方"。

而职场创业单亲妈妈，是"困难的四次方"。我挑战过工作负荷极限：有一年春节，我父母在老家，保姆不能进小区，我扛下了所有家务和育儿任务，还要兼顾工作上的事。那会儿真的超负荷了，我胳膊累到抬不起来，差点儿住院。

任何一个家庭里，都需要有人做家务，而单亲妈妈们往往要"一手工作，一手做家务和育儿"。一提到做家务，总有人认为家务是保姆可以代劳的。实际上，保姆能代劳的只是一部分工作内容。家务还包括对所有家庭事务做出安排，这种安排性的事务也是极其占用心力和时间的。

家务包括的内容是很多的，比如全家人的健康护理（平时保养，病时送医）、衣食起居、家居整洁甚至学习、游玩、财务等规划……除做饭、洗衣、拖地外，购物、交水电物业各种费、扔垃圾、清理衣橱和房间等，都是家务的一部分。很有可能你一不留神，发现孩子的鞋子、裤子又不合脚、不合身了，家里的纸巾、柴米油盐以及孩子文具、画具什么的又用完了，这些东西的添置，也是耗费精力的家务。

即使你家有很多"电器帮手"帮忙，你让它们维持运转也要花费好多精力。比如，洗衣机得定期清洁维护；冰箱、洗碗机、电视坏了得联系维修；空调、油烟机得定期清洗……它们只是"家务帮手"，无法代替人力。

实际上，做家庭决策也是很累的。比如，你要考虑家庭资产怎么保值增值、房子要买在哪里、孩子要去哪里上学……做决策常常是顾得了这个、顾不得那个。很多个家庭当中，其实是女人承担了这种"做决策"的角色，而这是很耗精力的。比如，今天吃什么饭菜、家里今天要购置什么东西、孩子的时间如何安排、家务活要怎么安排……事无巨细，你每天都在"做决策"。这些事情如果单纯只是"执行"，其实不怎么耗精力，但"做决策"本身就很耗精力。你得通过自己的决策，对家庭资金、家人的时间、家里的物品做一个相对优化的归置。很可惜，这种做决策的过程，在许多家庭中往往不被认为是"劳动"。甚至连执行这些决策本身，都不被认为是"劳动"。

家务就是很"吃"时间、精力，而找保姆、管家则是要花费不少钱。可如果这项工作由家人来承担，就是免费的。而现实生活中，这项没法用金钱量化的工作绝大多数都是女性来承担。而且这项工作是没有复利效应的。我以前很文艺地想过，自己如同龙套角色，可以尽力打开各个"窗口"，获得不同的生命体验；现在反观婚姻里女性扮演的角色，发现这些角色全都是要任劳任怨的全能型演员才能胜任。

生活存在无数悖论：你忙着工作，就没多少时间照看孩子；你忙着做家务，就没多少时间休闲和自我提升；你追求事事公平，就得付出效率降低的代价；你追求样样合格，就得增加成本……

时间、资源等东西是有限的。人类缺的从来不是方法，而是资源。现实生活中是"按下葫芦浮起瓢"，你只能尽力抓重点，再腾出点儿余力去兼顾下全局。

我认识的绝大多数单亲妈妈，都处在一种"蜡烛两头烧"的状态，根本没有几个能腾得出时间、精力去谈恋爱。

现在，我偶尔也会对自己不满意，总觉得自己"本可以做得很好，但没尽全力"。但一想到我已经比很多单亲爸爸做得到位，我还是想送给自己一朵小红花。

02 育儿可以不必那么精细

一个显而易见的事实是：在育儿方面，我们这代人，比父母那代人，实在是累太多了。

以前，大多数父母把孩子往学校里一送，学习方面就什么也不用管了。在家里，孩子还得承担一些力所能及的家务，小小年纪就成为家里的小劳动力，几乎是像野生植物一样自己长大的。

现在呢？育儿领域非常"卷"，家长们一个比一个精细。孩子面临巨大的竞争压力，时间得花在刀刃上，孩子在家里几乎不承担任何家务，父母还得花大精力去关照孩子学习、心理……这就导致这一代父母真的好累。

很多单亲妈妈，会觉得离婚给孩子带来了伤害，所以恨不能把自认为"对孩子最好的一切"都争取过来，施加在孩子身上。但其实，我觉得这种过度焦虑是很没有必要的。

过分夸大单亲对孩子的坏处，过度干预和控制孩子的成长，很容易陷入"爱之过甚、担心过度"的泥潭。你放轻松点儿，自己不把它当回事，孩子自然也就觉得这不算什么。

那些成长在单亲家庭但是长"歪"了的人，或许出生在完整的家庭中也会长"歪"。有些"锅"，真不该统一由单亲家庭来背。

我希望这部分极易内疚、过分精细化育儿的妈妈们能搞清楚一个基本常识：如果你要原封不动按照理论来育儿，大概率会非常累。很多育儿理论，是建立在"父母只有育儿这一个职责"的假设上的。但是，这可能吗？

除了为人父母，你还有其他的社会角色。比如，你是职场人、是父母的子女、是兄弟姐妹的手足、是你朋友的伙伴、是你邻居的邻居、是某个团体中的成员、是医生的病人、是健身教练的客户、是老师的学生……你还是你自己。

你每天的时间只有 24 小时，而你一个人要扮演那么多的角色。你需要取舍，需要平衡。某些时刻，你只能牺牲孩子的利益。但牺牲了孩子的一部分利益，并不等于说你就不是一个好父母。

一个最简单的情景冲突是：你不出去工作，孩子就没钱花；你出去工作，陪伴孩子的时间就变少。有很多父母要在孩子睡觉以后才能回家，也有很多父母因为工作两三个月见不上孩子一面……要多陪伴孩子，这道理谁不知道？可面对这种冲突时，你能怎么办？

在家庭内部，充分尊重孩子的意见与效率也是冲突的。比如，孩子在酒店自助餐厅里，面对美食迟迟拿不下主意，而此时来接你们的司机开着车快来了，人家过时不候。你是要充分尊重孩子的意见，还是要求他早点吃完，以便及时上车？

人生处处充满抉择，处处需要你"两害相权取其轻"。谁的人生不是走钢丝？只不过有人的钢丝绳比较粗，有人的钢丝绳比较细。人活一世，活的就是平衡。

咱们先"尽人事"，其他的顺其自然吧。

03 不必因为离婚，就要求儿女一定要出人头地

我认识的一位单亲妈妈，她时时刻刻都处在一种焦虑中，唯恐自己过得不如前夫好，唯恐自己和前夫生的孩子不如前夫与现任妻子生的孩子优秀，儿子成了让她在社会上、在前夫面前"扬眉吐气"的工具。

在她的高压下，儿子勉强能在班级排前十名，但常年郁郁寡欢，甚至出现自残征兆，还跟学校同学说他最恨的人不是抛弃他们母子俩的爸爸，而是妈妈。

她听说儿子跟同学说过这样的话，立马崩溃了，因为她认为自己"一把屎一把尿""又当爹又当妈"把儿子养那么大，可儿子居然成了"白眼狼"。现在，她和儿子的关系极差，但她依然认为自己在做一件"正确的事"。

我当然能理解所有希望孩子出人头地的父母。我们倾尽所有，把自己的脊梁弯成一道桥，就是希望能够托举着儿女们走上

更好的路。但是，我理解不了把"让孩子出人头地"当成唯一生活目标的这位单亲妈妈。儿子是一个独立的个体，他的人生属于他自己，他不该成为她跟前夫攀比的工具。

我知道，这世界上有很多父母在社会竞争中处于劣势，他们吃透了"处于竞争劣势"的苦，就不希望孩子走自己的老路，希望孩子能过上一种"更轻松的生活"。"出人头地"当然能让孩子更幸福，但如果它变成了一种孩子背负不动的压力，那么，这种期待可能让孩子难以承受，又谈何"让孩子幸福"？

这些父母，是将自己的竞争焦虑和恐惧，都投射到孩子身上去了。可他们忘记了，孩子是未成年人，他只应该承担他这个年龄段应该承受的压力。父母应该是一层带有弹簧的软垫子，在孩子和社会压力之间起到一种缓冲的作用。孩子松懈了，就用弹簧弹一下他；孩子压力大了，就用软垫子接一下他，而不该成为一块软绵绵的海绵，任由孩子沉迷其中。父母也不该成为一面坚硬的高墙，成为给孩子施加"社会压力"的一把锤子。

我自己在带女儿的过程当中，也会有很多的困惑。她在学习过程当中不自觉懈怠的时候，我会去敲打敲打。她考得不大好的时候，我就去鼓励鼓励。当我感觉到我自己压力也很大，积累了很多负能量，甚至会把气撒到她身上的时候，我会赶紧反省自己，要求自己把心态放松驰一些，或者，我在发完火后会赶紧找孩子谈心、向她道歉。

如今孩子们面临的竞争压力，可能比我们当年还要多。"内卷"这事儿，一旦启动，就像雪球从山上滚下来一样，是很难停下来的，而且雪球只会越滚越大。

在孩子学习方面，我也没有给女儿太大的压力。一个人到底是什么"种子"，这是天生的，后天的环境只能给它提供土壤、空气和水，但一粒玉米种子长不成一穗稻谷。我用培养我自己的方法去培养我的女儿，也许根本就是无效的，所以我就给她提供支持系统就行了。她的学业、事业，让她自己去建设。她的路，让她自己去走。

现在，我时不时会跟女儿说一说："妈妈当然希望你有出息，因为人就应该跟树一样，努力吸收阳光、雨露、土壤给的养分，努力向上生长，这样才能够对得起我们仅有一次的人生。但是，妈妈也想让你知道，不管你是有出息还是没出息，不管你是'学霸'还是'学渣'，不管你是健康还是生病，不管你是脾气好还是脾气坏，不管你是一路坦途还是一路坎坷，妈妈始终是你的妈妈。只要你是我的女儿，只要你好好生活，你就会得到我无条件的爱。不必怀疑这一点。"

好多父母自己遇到了一个"好种子"，就误认为自己的教育方法对其他所有孩子也会很有效。其实这可能只是一种因自恋产生的幻觉。一个班里那么多学生，老师用同样的方法去教，学生们的表现还有好有差呢，父母能接触到的教育样本太少了。

对于"只要……就……"的句式，我认为应该充满警惕。它往往把一个复杂的、多维的、多因素共同作用和影响的人生命题，总结为一个单线的、单向的因果问题。

在育儿这事上，你真的只能"尽人事，听天命"。所谓"尽人事"，就是努力做到自己该做的。所谓"听天命"，就是万一生活不如你所愿，你得接纳这种结果。

一个合格的父母，在养育孩子的过程中就不应该抱有"春种一粒粟，秋收万颗子"的想法。

在繁衍后代、养育子女这事儿上，我们不是农夫，只是土壤。

单亲父母也是需要再成长的

01 爱要有意愿，也要有能力

某天下班后，我骑车带女儿去珠江边玩。回家的路上，她坐在我的后座，我问了她一个问题："如果你现在穿越到十年前，你想跟妈妈说什么？"

女儿问："那会儿你嫁给爸爸了吗？"

我说："没呢，那会儿我都不认识你爸爸。"

女儿的答案让我"泪奔"，她说："我想跟你说，虽然爸爸也很好，但你不要嫁给爸爸。"

我鼻子当场就酸了，但还是憋住情绪问她："为什么呢？"

女儿说："不嫁给爸爸，你就不需要像现在一样辛苦了，辛苦得把腰都搞坏了。"

我眼泪差点没忍住，但还是故作轻松地回答她："傻孩子，如果我不嫁给你爸，就不会有你了啊。可我宁愿过得辛苦一点儿，也要你成为我的孩子啊。"

女儿问："那如果你可以穿越到十几年前，你想跟自己说什么？"

我回答："我会跟自己说，某项投资很好，赶紧多投一些。"

话题就此被岔开，因为我怕我忍不住会哭。

人活这一辈子，谁没点儿想起来就后悔的事呢？

女儿也曾经问过我："你后悔嫁给爸爸吗？"

我说："有点儿后悔，但因为有了你，我不后悔。如果不跟他结婚，我就没有你。"

也是因为当了母亲，我才深切体会到什么是毫无保留的爱。全世界的人中，只有女儿能让我伸出手去接她的呕吐物，只有她能让我甘愿把奋斗几十年拼搏得来的钱财都给她，只有她能让我付出一切，甚至在紧要关头牺牲自我的生命。

如果时光可以倒流，我可以重新选择，我也还是会选择和她爸爸结婚，然后生下她。

孕期辗转反侧、彻夜难眠却不知道丈夫在哪里的苦头，我愿意吃；生孩子的顺转剖手术签字时找不到孩子爸爸的苦头，我愿意吃；离婚后，一个人抗下的所有艰难的苦头，我也愿意吃；客观上，带着孩子择偶更难甚至此生可能不会再有机会恋爱的遗憾，我也愿意承担……吃点儿苦没关系的，只要最后她是我女儿就行了。

人生没办法做"假如我生下来的不是你"这样的假设，因为父母和孩子的情感是不可逆的。一旦他成了你的孩子，你认识了他、养育了他，你就不会后悔生下他。

即使时光可以倒流，你也会做一样的选择：让他来，成为你的子女，与你缔结母子缘分。你唯一期望的，就是自己能健康长寿一些，能护他周全，能有多一点儿的时间陪伴他，让他免受孤独与寒冷的侵袭。

生孩子以前，我确实只是"一般怕死"，但生了孩子以后是"特别怕死"，很大程度上是因为——我怕我死了以后，女儿就失去了我的"爱的屏障"，然后逐步从"被捧在手心里的宝贝"变成"自生自灭的野草"。

而这种情感，在我没有当母亲之前，是"知道但不懂得"的。

"爱"，光说出口都让人觉得深情和柔软，它才是人类追求进步的原动力，也是人类的终极追求，它让人虽死无悔。当母亲，我们可能都有爱孩子的"意愿"，但同时也要具备爱孩子的"能力"。

我真的是因为孩子，才能迸发出那么大的能量，为她撑起一片天。离婚后，我铆着劲儿努力去挣钱，终于有一点点小结果。倘若我经济实力差一点儿，养孩子需要靠前夫那点儿抚养费，那我们娘儿俩生活一定很拮据。我经济能力强一点儿，前夫给的那点儿抚养费对我们来说就只是锦上添花。

我也希望女儿的爸爸越来越有钱。假设他经济实力差，那他对女儿连经济补偿都做不到，更甭说其他了。再者，他经济条件好一点儿，他在再婚家庭中的话语权就大，后妈对女儿不好的概率就能降低。

02 抓住人生的"牛鼻子"

作为一个单亲妈妈，家里家外、公司内外，事情无穷多，全是我一个人扛下来的。中年人的荣耀以及与之相伴的疲累，我都感受到了。

"蜡烛两头烧"以及"按下葫芦浮起瓢"的滋味，其实并不好受，以至于有时候我会生自己的气，痛恨自己太过贪婪，也痛恨现实太过逼仄，常常让我骑虎难下、身不由己。对父母、对孩子、对我自己的身体，我都觉得有所亏欠。人生比高空走钢丝还难，因为需要平衡的事情太多了。

我有时候为自己感到心酸，有时候又为自己感到骄傲，有时候觉得自己很狼狈，更多的时候又觉得自己挺了不起。我从来都不是个能力非凡的人，在纷乱的俗事面前也会狼狈与失衡。如果我还有一些可取之处，我想跟单亲妈妈们分享一点——对于单亲妈妈来说，人生中有几个"牛鼻子"是必须要抓住的。

第一，健康的身体。这个是重中之重，是放在第一位的。一副好身板，千金不换。

第二，足够多的钱。钱是你的软垫子，哪怕你磕了、碰了、摔了，它也能起到很好的缓冲作用。搞定了钱，就搞定人生中 80% 的烦恼。对成年人来说，工作、赚钱，我认为是第二重要的。

第三，经营好人际关系。而人和人之间相处，最重要的是厘清界限感。所谓界限感，就是不管别人的闲事，也不让别人管自己的闲事，接纳"自己不能改变、只能老天说了算"的事。

作为一个创业单亲妈妈，其实我真的没有太多时间陪伴孩子。我没空研究孩子爱吃的食物，还经常因为工作太忙，导致孩子也跟着我晚睡。孩子考试考了多少分，我有时候都不知道，她的试卷我经常忘记签名，老师布置给家长的任务我时常忘……我一年到头没怎么管过她学习，遇到她不会做的题会稍微指导下，但指导次数也很少。我跟她说，你考多少分、排第几名我不关心，我只关心那些知识点你是否都学会了，你对知识的兴趣是否还在。但我把她们班同学的名字都快背下来了，她和谁关系好、关系差我都了解。有些事我不是不想做，而是又要赚钱养家，又要管家里和公司里那么多的琐事，时间分配不过来。在育儿过程中，我只能抓我认为重要的"牛鼻子"。

第一，减少父母离婚给她带来的负面影响，给她创造"感觉自己被爱"的家庭氛围，让家庭真正变成她的港湾。

第二，注重价值观的引导，帮助其树立相对正确的三观。前提是我自己也要持开放心态，不断重塑自我，更新和纠正自己的知识体系和价值观体系。这方面，我还是"亲自抓"比较放心。

第三，做好风险和安全教育。这个是"木桶理论木桶中的最低的那块木板，重要性甚至大于一切。

第四，构建更平等的亲子关系，掌握孩子的心理动向，让孩子一直愿意跟你说心里话，让她时时刻刻愿意跟妈妈敞开心扉。

第五，培养孩子对知识的兴趣以及积极向上、热爱生活的心态。

现在，很多事情我女儿都会事无巨细地跟我讲。从她小时候喜欢过哪个男生，再到他们班哪个同学跟另一个同学闹矛盾了，班里哪个同学抑郁了，老师说了什么话让她感到伤自尊了……

我身边也有一些父母，总在抱怨孩子难教、不听话、不爱和自己沟通……可我发现，孩子不是"不愿意听你的话"，而是"你本身就不会说话"。大人跟孩子沟通，千万不要用居高临下的口吻和态度，不要"把自己当主体，把孩子当客体"，不要"把孩子当考生，把自己当考官"，而是要平等站位、换位思考。

比如，我跟小侄子沟通，从来不一上来就讲学习的重要性，我先问他在学校的情况，让他讲学校的老师、同学、门卫、宿管，并分享我当年的老师、同学、门卫、宿管是怎样的。然后，我再跟他聊他感兴趣的话题，比如某款游戏、科幻片，并给他推荐一些我觉得不错的书、影片。接着，我再拿出地球仪、各种钱币，跟他讲历史、地理知识。最后，才落实到"人为什么要好好学习"这个话题。

前面的沟通内容都是铺垫，先要"松土"。有了这一步，孩子就很容易对你放下防备。可我发现，好多家长跟孩子沟通的时候都是急于求成的。这就像手里先捏一把种子，也不看看土壤是否松软，直接把种子往上撒，再浇水、施肥……明明是自己对着一块水泥地播种，最后还怪这块水泥地怎么长不出庄稼。这样一来，家长们就越教越累，越教越崩溃，亲子关系也越来越坏。

03 父母需要和孩子一起成长

我自己也是在生育了女儿之后，对亲子关系有了更多的反省。在我的旧认知里，父母之爱总是无私的、伟大的。像我爸，他也经常会在朋友圈分享一些歌颂父母伟大的文章。

前段时间，我跟女儿说了句"你小时候好可爱好乖啊，现在没以前那么可爱和那么乖了"。我当时说完就忘了，万万没想到她真的听进去了，某天她还借题发挥，为此大哭了一顿，还说她想回到小时候，说她现在和小时候一样可爱、一样乖。

我突然意识到，子女寻求父母的认同，这是一种求关爱、求温暖、求安全感的本能。本能是什么？是饿了就吃、渴了就喝、困了就睡，这种行为不需要靠任何社会行为规范来保护。

孩子很少嫌弃自己的父母，但父母却总是对孩子不满意。子女对父母的爱、接纳，往往是无条件的；而有些父母对子女的爱，往往是有条件的。

父母和我们，我们和子女，虽然可能没办法做到完全平等，但双方的关系也不是"上"与"下"的阶梯式关系，不是"管制"与"被管制"的权力关系。它更像古人和我们、我们和后人、一层海浪和另外一层海浪的关系。

父母要认识到，孩子只是借由我们的身体来到这个世界，他们不是父母的私有物品，他们不属于我们，只属于他们自己，他们有权利过自己想要的人生。父母不能想当然地拿自己的父母身份去压制他们，拿自己掌握的家庭权力和资源去控制他们，不能随意按自己的想法去塑造他们、改变他们。我们唯一能做的，不过就是"影响他们"而已。

再者，父母想给儿女更好的爱，需要自己也跟着儿女一起进步。不然，将来你跟儿女可能会很少有共同话题，你也给予不了对方想要的心理应援。

我的一个朋友跟我"吐槽"说，每次她面临着要通宵加班赶项目进度的情况，她的父母就会不停地给她打电话，要求她按时睡觉、注意身体，俨然她那天晚上不睡，第二天就要病倒了似的。可是，以她的工作性质，有时候通宵加班是必须的，她也不过就是把睡眠时间从今天晚上换成了明天白天而已。

每次遇到这种情况，她一边在工作上带领小组成员忙得不可开交，一边还要应付父母的这种过分关心。她说只要一谈到工作，自己跟父母就各种聊不来，因为父母完全没法理解她在做什么，只知道她在玩电脑。有时候她让父母拿一下 U 盘，父母也听不懂 U 盘是什么。遇到工作压力，她也不敢跟父母说，因为说了他们也不懂，他们只会给她讲大道理。她也理解父母的局限，但有时候还是会感到有点儿孤独，她很希望自己的父母也能跟同事的父母一样，自己遇到工作压力了也能到他们面前念叨几句，得到一个拥抱。

我听她"吐槽"完，想起我自己，感觉我父母也差不多是一样的。然后，我又想起女儿，倘若她将来谈起自己工作中的烦恼，我也"一听三不知"，她可能也会感到有点儿孤独和沮丧，而我也没法给她及时的心理应援。所以，为了子女，我愿意再次学习和成长。

没有人天生会做父母，父母也需要学习。养育孩子，是一件"知易行难"的事情，它更多是一场父母的自我修行，我们终将要通过"做父母"来实现和孩子的"共同成长"。

第五章

离婚不过是创建
另一种生活

离婚后再婚，才是人生赢家吗

01 幸福才是终极目的，再婚不是

春节期间，一个网友给我发私信说："我关注的某个单亲妈妈博主都有男朋友了，看她过得挺幸福的。你不想再找了吗？我觉得一个单亲妈妈，只有再婚了而且过得幸福，才算是励志。"

对这样的看法，我并不赞同。有些人总是认为，一个离异女人不再婚、不秀个恩爱，总给人一种不够扬眉吐气的感觉。可是，人生又不是高考，为什么一定要补考？

还有一种陈腐的观念认为："如果一个女人离婚之后没有再获得幸福的婚姻，那就不算是实现逆袭。"因此许多网友认为我一直活在离婚阴影中。如果哪天我因为工作不顺、孩子生病、父母老去而感到忧伤，他们开出的药方都是"找个男人就好了"。殊不知，与工作、孩子、父母有关的烦恼和忧伤，单身女性会有，婚姻幸福的女性也会有，甚至"是个人都会有"，与婚姻状态如何并没有直接的联系。

不得不说，这是一种典型的刻板思维。很多人认为，女性的幸福感、人生价值必须要建立在"幸福婚姻"这个基石之上。

从心理层面来说，一些离异女性没什么再婚意愿，不一定是

"一朝被蛇咬，十年怕井绳"。而是她们看清了婚姻中需要承担的责任，以及女性进入婚姻后可能会受到的掣肘，找到了另外一种让身心更放松、让自己更舒适的生活方式。此时，她们追求的人生幸福早已不是"旁人艳羡"，而是"自在"。

离异女人再婚意愿不大，不一定是因为"没人要"或找不着，而是经历过一段失败的婚姻后，大部分离异女人对第二段婚姻的质量要求更高，也更不愿委身将就，而且自己一个人也能把日子过得挺好。

再者，每个人的机缘不同，姻缘这种事儿非常需要"天时地利人和"。

现实生活中，不少人衡量一个人离婚离得值得与否的标准，不是这个人是否过得比以前幸福，而是这个人有没有再婚。在他们的观念里，离异后单身等于过得凄惨，离异后再婚就等于过得幸福。

可再婚只不过是婚姻形式的一种，跟初婚并没有什么不同。真要是又找错人，很有可能又陷入另一个痛苦的漩涡。

我曾经听过这样一个真实故事：一个离婚女人，再婚时找了一个比自己小 15 岁的老公。两人结婚几年后，男人想要个孩子，可女人当时年纪已经有点儿大了，算是高龄产妇。为了保住婚姻，女人还是冒着风险怀孕了，结果从怀孕开始，她身体就出现各种状况，生完孩子以后她就中风偏瘫了，只能躺在床上。这个故事，目前我还不知道后续，但我真觉得故事走向不乐观。我不相信一个让妻子冒着如此大的风险也要生孩子的男人，能在妻子偏瘫后，还能陪伴在她左右照顾她。

我知道，对很多姑娘而言，不到一定年纪可能是破除不了"人一定要结婚才能幸福"这个执念的。很多离过婚的女人，潜意识里也觉得自己只有再婚才能幸福。可是，幸福才是终极目的，再婚不是。别搞错了这个先后次序。

在不违反公序良俗、不伤害到别人的前提下，我们自己怎么活着舒坦，就怎么活。

02 离异女性再婚难的原因

有一位"70后"女性，她身材高挑，长相普通，在三线城市有自己的房子，有两家生意还不错的店面，经济条件不算差。前两年，她因为接受不了丈夫家暴而带着儿子离婚了。离婚后，她也一直尝试着去找对象，但遇到的人都不合适。他们要么条件很差，要么品行不好，她一再降低要求还是找不到合适的。很多起初对她印象还不错的男人，一听到她"离异带娃"，基本就不会再跟她进一步发展了。让她感到气愤的是，她前夫那样情绪不稳定的人居然也找到了再婚对象，而她至今孑然一身。她很苦恼，跑来问我："离婚女人再婚怎么这么难呢？"

这位"70后"女性朋友写的情况，非常现实。

如今，离开低质量婚姻的人越来越多，但很多男人离婚后很快就会再婚，而大部分女人离婚后就一直单身，单亲妈妈选择再婚的则更少。

造成这种现象的原因，我分析起来主要有以下几个方面。

第一，传统婚恋观导致离异女性再婚的选择范围比男性小。

在有些人持有的传统婚恋观中，女人最被看重的价值不是她本身的价值，而是她身为女性的生育价值。这个生育价值，包括年龄、身材、长相、育儿能力等。

很多女孩子从小就被告诫，要趁年轻貌美，在生育价值最高的年龄段早点嫁人，因为青春就是吸引和挑选优质男人的最大资本，错过了时机，你就只能被挑选了。离异女性大多年纪比较大，这在婚恋市场上就"吃亏"了一大截。

不少人都有"第一次情结"，买房要买新的，家具电器要买新的，初吻是最难忘、最珍贵的，初婚自然也是最被重视的。很多人初婚大办婚礼，二婚时的婚礼就尽量低调，像怕人知道自己曾离过婚。

某些男性嫌弃再婚女性有过婚史和生育史的心理，其实也是"第一次情结"的变种。

受旧思想影响，很多人对有过婚史的男性显然要比对有过婚史的女性友好很多。这些人有种说法是，离过婚的男人是"二手房"，虽然被"用过"，但价值不菲，随着年龄和阅历增长，他们的收入水涨船高，在婚恋市场上他们还会变得特别"抢手"；而离异女性则被视为"二手车"，如果她们带着孩子，有的男人还会嫌弃她们带个"拖油瓶"。说到底，那些男人就是只想享受她们能提供的价值，却不愿接纳她们曾有的过去。哪怕那些"过去"她们能自己承担，也总有男人会认为她们无法全心全意为自己所"用"，而对她们心生忌意。

在这种观念的影响下，许多未婚男人只愿意选择未婚女人，再婚男人也只愿意选择未婚女人，离异女性就被"剩"了下来。

第二，经济或孩子问题成为离异女性的再婚障碍。

在社会学中有一种被关注的情况叫：单亲妈妈贫困。

我所认识的单亲妈妈，大多有房有车，经济状况良好，但我知道，这只是极少的一部分。很多低收入女性宁肯在一段无比痛苦的婚姻中挣扎，也不敢离婚，说到底还是因为经济问题。一旦离了婚，她们的生活质量可能会大幅度下降，孩子的境况也跟着变糟糕。丈夫对她们而言，是重要的经济来源，这让她们在面对离婚问题时投鼠忌器。

很多单亲妈妈缺乏专业的劳动技能，在家庭出现重大变故之后，她们又不得不走出家门就业，但是摆在她们面前的却是就业能力的问题，因为她们几乎不具备职业、教育、社会联系、家庭等方面的任何优势。

单亲妈妈贫困，最关键的一点还在于"机会贫困"。抚养和照顾孩子，是一件极其消耗时间、精力、体力、资源的事。养育孩子的负担，让她们与很多可能让自己境况变好的机会失之交臂。这些单亲妈妈在离婚后，时间、精力只够挣钱养家和照顾孩子，根本腾不出精力去恋爱。

相比之下，男性的状况似乎好得多。

经济条件好的离异男性，在婚恋市场上依然"抢手"；经济条件差的离异男性，很多则会以"孩子你养，钱我没有"为由不出抚养费，破罐子破摔，而他们的原配会格外艰苦，她们的生活压力不小，择偶范围窄，大多数人选择守着孩子过完余生。

第三，离婚女性再婚意愿偏低。

离婚女人再婚难，这是一个社会现象，是由很多社会原因导致的。但我觉得，导致这一现象的主要原因其实是"离婚女性再婚意愿偏低"。

都说离婚后女人在择偶市场上不如男人吃香，可其实离婚后还愿意出来找对象的人的数量，男性本就比女性多。

在中国传统的婚姻模式中通常是"男主外，女主内"，受此影响，许多离异男性之前有前妻料理家事，一旦妻子离去，家庭生活几乎就陷入混乱和瘫痪。此时的男人就会苦不堪言，急需寻找另外一个"贤内助"填补空缺。

女性更善于表达和消解自己的情感，离异后往往会通过倾诉、流泪等方式宣泄婚变带来的不良情绪，而传统观念里对男性的要求是"男儿有泪不轻弹"，因此他们当中很多人更难自我消化，导致他们更想求助外界的力量。比如，很多男人离婚后有一种羞耻感、挫败感，所以想尽快以再婚的方式雪耻，以结束这种感觉。

从另外一个角度来说，男人再婚时，大多择偶要求并不高，而女性则相对比较挑剔。

我的一位读者曾经给我一段这样的留言："离异男人确实比离异女人在婚恋市场上有更多机会，但也只是他们比我们选择范围更大而已，若说遇到真爱的概率，那真的是不分男女，人人平等，看各人造化和运气了。结婚并不代表能获得真爱和幸福。我身边离异男比比皆是，他们很多是凑合着再婚的，难道真的都比第一段婚姻幸福？我听过太多他们的答案，还真的不见得。"

反观我身边离过婚的女人，特别是单亲妈妈们，要么就踏实、安稳地抚育着孩子，要么就去进修学习或创业赚钱，要么游历世界，要么追求兴趣爱好或提升精神，很少有人主动再次进入婚恋市场。

为什么会出现离异女性再婚意愿低这种现象？如果要进一步讨论，那么就涉及了现行的婚姻制度中女性被赋予的角色与期待。从这个角度讲，男性更容易在婚姻中享受到红利。

所以，当我们谈论起女人为什么不想结婚时不能忽视，婚姻带给女性的不仅是权利，还有诸多义务。

离异女人大多在前一段婚姻中没享受过红利，若是找不到合适的人共创幸福生活，又怎么会愿意再次踏入婚姻？

如果一位离异女性没有谈恋爱也没有再婚，很多人会揣测她一定是"一朝被蛇咬，十年怕井绳"。其实，很多离异女性只是发现了生活中原来还有很多比婚姻、比恋爱更好玩、更有趣、更有意义、更能让自己快乐的事儿，所以对于再婚没那么大兴趣了？

离婚后再婚，当然值得祝福，但离婚后不再婚，也无须被同情。

03 关于不在于是否再婚，而在于"你是谁"

我认识的一个大姐，她早些年因为前夫脾气特别暴躁且大男子主义，毅然决然带着儿子离了婚。离婚后，前夫一分钱抚养费都不给儿子，她带着儿子到广州闯荡，后来又找了个离异男人再婚。新伴侣有个女儿，抚养权归了前妻，他只想当自己女儿的爸爸，自始至终不肯接纳她的儿子。

三个人就这么别扭地过着，直到她儿子考上了大学，生活才恢复了一点儿平衡。但是，我看得出来，她和现任丈夫的关系并不好。有一次我给她送礼物，我已经到她小区门口了，她却让我把东西放在保安亭。看得出来，她非常不愿意外人进她家、见到她丈夫。朋友们谁都没见过她丈夫，只知道他们俩从不在一起出席公开活动。

我清晰地记得，某天凌晨六点多她发了个朋友圈，说自己的儿子今天上大学了，她去机场送行，并感慨"别人家的儿子都有专车送机，他没有，没爸的儿子早当家"。看到这条朋友圈，我有点儿震惊，因为我听说他的现任丈夫是有车的。

我离婚的时候，她劝我："还是慎重点儿吧。二婚女人不好再找。就拿我自己来说，我现在找的这个，还不如前夫呢。"

我说："可是我为什么要找一个不如前夫的人呢？如果找不到那个比前夫好的人，我这辈子都不结婚也没问题啊，而且我也没想要再婚，有机会谈谈恋爱就谈一谈，没机会拉倒，也没什么了不起。"

她用一种不可置信甚至带点儿同情的眼光看着我说："离婚女人还是得再找一个的，一个人带着孩子生活不容易。"

我没再搭话，因为我对她的选择也感到不解：她现任丈夫不肯接受她的儿子，应该早有端倪。既然如此，为什么她还要再婚呢？换我的话，一个男人若是不肯接受我的离异史、生育史，不肯接受我女儿，那这个人我是直接否决的。退一万步讲，即使她再婚找错了人，为什么不再离婚呢？仅仅是为了有房子住？可是她明明也有一份体面的工作，也比较有才华。她来广州的时间又早，那会儿房价又没飞涨起来，她实际上早就有能力买一套属于自己的房子了，不必住在男方的房子里。

还有一个女性朋友，她跟我在差不多时间、因差不多的原因离的婚。在那之前，我和她各方面条件都差不多。不同的是，我们各自离婚后的走向不同。

她离婚后，单位有未婚男人追求她，而她处于离婚后自卑感最严重、最需要人关心的阶段，很快就答应了男方的追求，后来她怀孕了，也就跟男方结婚了。她再婚时，好多人让我把她当榜样，说她离婚后找到了幸福，她那种才算是"离婚后逆袭"。

可是，这两年，我感觉她越来越憔悴，也越来越疲惫。

她也找我"吐槽"过，说自己再次结婚不过就是进入了"另一个轮回"。

前段婚姻里出现的问题，这段婚姻里没出现，但新问题和新挑战又诞生了，而面对这些新问题，她的应对模式还是从前的那一套。

不同的是，这次她更害怕离婚。

可这种"害怕离婚"的心态，一旦被男方看出来，她就很容易被"拿捏"，于是她在第二段婚姻里活得更卑微。

我问她，你已经离过一次婚，可你为什么还要害怕离婚呢？你有房、有车、有积蓄、有稳定工作，再次离婚的后果也没有多大啊。

她说，关键不在于离不离婚，而是接受不了身边没伴侣的生活。这么多年来，她已经习惯了有人陪伴，她过不了单身生活。如果再次离婚，她作为离过两次婚的女人，可能更难再婚。

她甚至想不明白，为什么我可以在没男人的前提下，还能快乐地过了将近十年？为什么我能过"有男人可以，没男人也行"的生活，她不能？

我觉得造成我和她这种差异的，就是那段"空窗期"。

离婚后那段"空窗期"对我来说是极为痛苦的，我下意识地隔绝了所有追求对象，把自己完全浸入火热的"熔炉"里煅烧，将自己打碎重塑了一遍。

在"熔炉"里的体验，当然是极不好受的，因为那意味着极大的痛苦、黑暗和孤独。我独自面对和感受这一切，慢慢想通了、悟到了很多事情，也煅烧出了一个"全新的我"。

这个过程，外人可能感知不到，但我自己能清晰地感知到——经此一役，我不再是过去那个我了。我的认知模式、行为模式，都变了。

我们以前总是在讲"凤凰涅槃"这个词，大家都知道它是什么意思，但"知道"和"切肤地体验"真的是两回事。

爱惜自己是生物的本能，所以，不是谁都有"凤凰涅槃"的勇气。毕竟，让过去的自己被烈火灼烧再化为灰烬，是一个极其痛苦的过程。

很多人怕吃这个苦，想略过这段路到达彼岸，结果却发现人生没有捷径，彼岸离自己更远了。

或许是看多了女人离婚后实现华丽"逆袭"的案例，我发现很多人还会走入这样一个思想误区：很多女性在离婚后活得光芒万丈，所以，离婚是实现人生逆袭的关键。

这种观念本身就是有点儿"以偏概全"的，是只考察"幸存者特征"造成的偏差。事实上，离婚后能实现逆袭的人是很少的。很多人离婚后要经历很狼狈甚至寸步难行的生活，要吃很多苦、掉很多层皮才能迎来稍微好一点儿的生活。

离婚可以成为"逆袭"的催化剂，但不是决定你"逆袭"的直接原因。就拿我自己来说，难道我的钱是离婚后才能赚到的，我的房子是离婚后才买的吗？如若不离婚，我在事业上就很难成为今天的我了吗？显然不是的。我只是在某时某刻选错了人并及时纠偏了，仅此而已。

我离婚之后过得更好了，是因为我从小的选择、努力给我的离婚"垫了底"，让我在离婚后得以实现"软着陆"。不管我有没有离婚，我都从来没有放弃过努力。

能让一个女人实现"逆袭"的，是她自己，而不是离婚以及生活中出现的其他变故。离婚后能不能"逆袭"，主要看"你是谁"，而不是看"你有没有离婚"。

04 婚姻从来不是必需品

有"好心人"常苦口婆心地劝我"你干脆复婚吧，反正也没找到对象"，但他们没想过：离婚是因为两个人三观差异太大，根本过不到一起去了。如果这个问题根本不可能得到解决，那何苦为了一个已婚身份而委曲求全？真要在乎婚姻这个"躯壳"，我们当初就会选择让这个婚姻名存实亡下去，而不是果断离婚。

婚姻从来不是必需品，美好的婚姻甚至是奢侈品。很多孩子从小就会被灌输"另一半哲学"，仿佛自己是个半圆，必须要找到另外一个半圆，我们的人格、人生才能完整。为什么我们不可以是一棵树，自己长出自己的"圆满"，如果另外一棵树能跟你一起并肩迎接风雨雷电自然更好，但如果没有，似乎也没什么大不了。

单身生活当然也有好处，比如，我觉得在花钱和做事上更自由了，想做什么事情，或是要在哪些地方花钱，再也不需要跟人商量以努力获得共识了，我可以说做就做。比如，我不需要考虑婆家的感受，免去了很多七大姑八大婆的人情压力。比如，少了一个让我牵挂、担心甚至是会给我气受、给我委屈的人，日子过得寡淡但至少不痛苦。

离婚后，我反而逐渐自信成熟起来了，觉得其实自己还是很能干的，工作生活都能兼顾，还有时间可以发展点儿业余爱好，甚至热心投身于公益事业。我也有纠结、失落的时候，但整体上来说，我觉得自己是在认认真真地生活，做有益于人的事。

无论哪种生活方式，关键看你在意什么，以什么样的心态生活。与其说是在与以前生活的对比中找到了幸福的感觉，还不如说我们在单身生活中也许更容易得到独立、自由甚至是"随心所欲不逾矩"的感觉。

智者不应埋怨命运，而是凡事努力，把自己相对最能把握的部分尽力做好。如此，差不多就不枉来这"残酷而温暖"的世上走一回了。

年龄增长不可怕，青春逝去不遗憾。当我们过了一定的年纪，知晓了人生的无常，我们逐步认清了自己的长处，也接纳了自己的局限与困顿，能以更坦然的姿态面对今后的生活，以更强大的内心去迎接生命中的那些未知的幸运与不幸。

我曾说过，我不是主张不婚或不再婚。我主张的是，哪种生活让你过得舒坦，你就选哪种。

这种舒坦，不是说随时随地感到舒坦，而是指"大概率""大部分""过得去"的舒坦。

"再自在的单身生活，比起自在又幸福的二人世界，多少还是少了那么点儿东西。"这句话在理论上是成立的。但是，人生就像树叶一样，没有完美的叶子。每个人生命中都有缺憾，关键是看你怎么面对、看待和解释这些缺憾。

"自在又幸福的二人世界"也会有其他缺憾相伴。即使是"模范夫妻"的婚姻，也不可能时时处处幸福。

某些缺憾，是生命中必有的，跟单身还是已婚没多大关系。每个人都希望自己出身好、貌美、多金、健硕、名利双收、家庭幸福，但这一定能实现吗？

　　在知道"人生必有缺憾后"，很多人选择了让内心感到更充盈的生活方式。比如，有的单身女性不结婚，有的离异女性不再婚，有的人找到一个爱人与之共度一生……这些都是可以的。无好坏，无优劣，自己觉得自在，最重要。

　　我们追求的是平凡生活中的自在，而不是超凡生活中的完美。我们是自己生活的主人，我们是否感到幸福，只有我们自己能评判。

离婚后，如何面对"前任过得比你好"的"意难平"

01 离婚后"意难平"是心态失衡

小季结婚 10 年后离婚了，带着 8 岁的女儿。离婚的原因是无法调和的婆媳关系以及前夫有非常严重的"重男轻女"思想。

小季的前夫一直不满她"没生出个儿子"又不愿意怀二胎。离婚后，他马上去相亲，认识了一个没结过婚的女孩子，恋爱了三个月以后就结婚了。

有好事者把小季前夫在婚礼上与新娘亲吻的照片传到了小季手机上，她感到有点心寒，想不到前夫居然这么快放下她和孩子，以"闪电速度"跟别人结婚。

情理上，她觉得前夫离婚后马上再婚无可厚非，离了婚对方跟谁在一起都跟她没关系，但她心里也有些愤愤不平：凭什么你这种人都能获得幸福，而我至今依然是一个人？

离婚的时候，小季的前公婆说："你带着孩子是嫁不出去的，但我儿子随时可以找个年轻的、未婚的对象，给我们家生儿子。"

现在，看着前夫迎娶新娘时得意扬扬的脸，小季的内心更是酸涩，心想，是啊，人家确实求仁得仁了。

那时，我们都在劝她："你前夫如此草率就进入第二段婚姻，说明他没有对前一段婚姻进行必要的反思，因为反思是需要时间的。他在新的一段婚姻中，很可能会重蹈覆辙的。"

一年之后，小季从其他途径获知前夫的情况：他的现任妻子确实生了一个男孩，前婆婆特别开心，跟新儿媳妇相处甚好。小季就更加心里不平衡了。

前几天，一位朋友给我留言说："我有一个长辈，她几年前和老公离婚了。这几年，她从谩骂、控诉前夫到开始专注于自己的生活，我们都以为她已经放下了。可就在前不久，得知她前夫又结识新老伴后，她像发了疯一样四处诉说她这一生的付出与牺牲，谩骂前夫的薄情寡义，甚至还跑去打了前夫一顿。我们都劝她跟前夫好聚好散，但她一直抱着受害者心态生活，我们只要多劝解她一句，她就说我们是非不分。"

站在这位长辈的立场上看，她的愤懑我们或许可以理解："你曾经深深伤害了我，现在居然还有脸过得这么幸福？"是啊，要让一个人心平气和地接受伤害过自己的前任"过得幸福"，好像确实不是一件容易的事。

我的一位读者朋友，她前几年因为前夫出轨而离婚。离婚前，她前夫屡次恳求她再给他一次机会，他保证会跟第三者断绝联系，她拒绝了，坚决要离。

离婚时，她前夫一改之前在钱财上对她很大方的习惯，只给她和女儿留了最低生活保障金。随后，他转身跟第三者结了婚。

第三者出身贫寒、能力平平，好不容易"钓到一个金龟婿"，她便使出浑身解数要讨他欢心。

现在，几年过去了。这位读者朋友带着女儿过着相对平淡、清贫的生活，而她前夫则和"上位的第三者"生了孩子，曾经被人鄙视的第三者如今成了富太太，因一门"偷来的婚姻"过上了令人艳羡的生活。

这位读者自然有些"意难平"，她略有些哀伤地说："不要相信负心汉会有报应之类的话，那只是文学和影视作品讲出来宽慰人心的。你曾经遭受过的痛苦，他们不可能感同身受，不然你也走不到今天。即便他们遭遇了与你一样的遭遇，也不会像你一样痛苦，因为他们和你就是不一样的人，他们永远最爱自己，所以更懂得保护自己。"

我说："他人的事我们什么都无法改变，你能做好的只是自己，能过好的只是自己的生活。"

我不相信因果报应，但我相信蝴蝶效应。任何事物的发展，总是一环扣一环。两个人的婚姻能让第三者插足，说明它本身就存在缝隙。对方会选择跟第三者在一起，说明他们才是一类人。

你再好，也抵不住他们更合适。

又或者，也不一定是他们正好合适，也许只是因为对方折腾够了，刺激过了，想要平淡和安稳的生活了，而那个人正好出现，所以你就成了他们口中眼中的"别人"。

一段感情成为往事后，曾经爱得更多、被伤害得更深、被亏欠得更多那个人，即便分手多年后想起往事也会"意难平"，而不怎么爱的那个人，照例是不在乎。

想起往事时，为什么会"意难平"呢？说到底还是因为你没办法把对方也置于一个平等的位置。

因为对方曾伤害过你，对方的言行曾在道义上站不住脚，你就成了道德站位更高的一方。你用居高临下的立场去看待对方，就会想：就你这样一个人，也配？

这样的失衡心态，很容易让我们形成这样一种心理惯性：对方是错的，我是对的，所以我是"高人一等"的。于是，我们很难去正视自己的问题，很难抽离出受害者的角色，让自己的心灵得到自由。

一段关系若是已经终结，对方可能根本不需要你的宽恕和原谅。

你也不需要去宽恕别人，更无须跟对方较劲和赛跑。你首先要做的，就是放过自己，不再可怜那个曾被伤害的自己，不再痛恨那个为不值得的人付出过的自己，不再懊悔当初的相见、相识、相知和相爱，让这件事彻底过去。

02 不必和前任较劲

话说回来，人都是有好胜心的，你都可能会跟同学、同事较劲，何况是一个伤害过你又离开了你的人。

刚离婚那会儿，我光是在脑子里想象前夫再婚的场面，内心里就总是不平，心想：凭什么？这老天是瞎眼了吗？

我甚至想过要找一个各方面都能"碾压"前夫的男人，以长长自己的志气、灭灭他的威风，让他后悔错过我这么好一个人。

可现在，回想起我那时的心态，我只觉得好笑，因为相比之下，我更喜欢现在这种不与任何人较劲的状态。

这个任何人，包括他，也包括我自己。

既然已经在情感上毫无联系，那我过我的日子，他过他的日子，有什么好比较的呢？

一旦开始较劲，难受的往往是自己。

你想过得比他好，就要拼出全部的精力，努力赶超，可这得多劳心劳力啊？倘若你力不从心，过得并不如他，那你心情必然悲苦万分，也只会徒给自己增加烦恼罢了。

两个都已经分道扬镳的人还在赛跑，是挺荒诞的一件事。

我也常常收到一些朋友的私信，说她前夫跟第三者结婚了，她觉得这世道好不公平。

我理解这种心情，只是现在的我早已不是这种心态。对方要结婚了或者结婚后过得怎样，我不祝福，也不诅咒，因为这个事情跟我无关，所以它丝毫影响不到我。

一个人成长的方式，便是慢慢学会了"不较劲"吧。

我们不会放弃努力，但学会了不跟别人较劲，不跟自己较劲，也不跟生活较劲。我们更热衷于关注自身，而不是外在，当然也就不会因一味地执着于比赛结果而忽视了眼前许多值得体味的快乐与美好。

不过，有时候，你自己不想比，但总架不住别人老想拿你跟前任，或者前任的现任比。

某天，女儿从她爸家回来，跟我讲"爸爸现在有空就会陪弟弟"。然后，我突然想起女儿在她同父异母的弟弟这个年纪的时候，她爸经常不着家，跟我说过的名言是"难道我结婚了就不能出去玩了吗"。女儿什么时候会抬头、翻滚、站立、攀爬，他统统不知道。

但是转念一想，为什么要这么比？我不也享受过他提供的情绪价值，以及欣赏过他青涩帅气的样子吗？只是后来两人不匹配了。人生真的很长，一个人在婚姻里的需求也一直处在变动之中。不匹配了就散伙，不丢人。我年轻的时候也不可能看上现在的他，十年过去了，我也不比他差。我拥有的一切，还都是自己挣来的。人和人所求不同，"甲之蜜糖，乙之砒霜"，有些人、有些事真的没法比，也没必要比。

03 情感领域的运转法则并不是"善恶有报"

我曾经收到这样一条私信："羊羊，我老公，不，是我前夫，在我得乳腺癌以后出轨了，和第三者住到一起去了。在第三者的鼓动下，他坚决和我离了婚，房子、孩子抚养权都给了我。虽然财产分割还算公平，但我一想起来前夫和第三者就恨得牙痒痒，我觉得今天我的不幸都是他们造成的，我总是处处碰壁，我的孩子也因为有这样的父亲而在学校备受歧视。而他们现在住着好房子、开着好车，过着潇洒的生活。我现在老想着通过让前夫和第三者丢工作等方式去报复他们，要崩溃了，怎么办？"

我是这么回复她的：

"我理解你不希望前夫和第三者过得好的心情，可情感领域的运转法则并不是'善恶有报'，更何况，不同的人对善恶的评判标准完全不一样。在你看来，老公和第三者是可耻的，但在他们看来，也许他们才是真爱，你才是那个多余的人。

"职场领域的运转法则，更是与情感领域截然不同。一个人可能在情感上很'渣'，但在工作方面很优秀。你老公和第三者的上级，未必愿意管下属的家务事，他们只在乎自己的下属能给自己贡献怎样的价值。你的越界报复，很有可能只会碰一鼻子灰，还搞得自己狼狈不堪。

"在目前这种情况下，只有你把自己的日子过得比较安生，才勉强算是对他们的'惩罚'。而如果想把日子过安生，'放下'是唯一的途径。过去的事情已经是既成事实，没有办法改变。人生苦短，咱们应该看现在，看长远。

"个人建议你把关注前夫和第三者的精力收回来，拿去关注自己。也许恨他们对你而言是一种快乐，因为你可以把你现在过得比他们惨的所有的责任都推给他们。可是，这种归因方式是不对的。你现在要做的就是积极地去治疗你的癌症。至于孩子，其实最应该为她负责的是你和你前夫。父母之间的恩怨是不可以影响到孩子的，这就需要父母去做好引导。

"就像我女儿从来都没有在学校里因为父母离婚而受过歧视。也许有，但是她感受不到歧视，就是因为她已经形成了这样一种价值观——父母的恩怨，跟我没关系。如果有人因为父母离婚而歧视我，这不是我的问题，是歧视我的那个人没素质、没格局、没涵养。

"我知道，被伤害过的人有时候也会给人一种'我道德很高尚'的感觉，但其实这种感觉毫无意义。你的精力应该拿去康复身体、照顾孩子，这样你才是真正在重建自己的人生。

"不要再站在废墟上哭泣了。因为没有人能关注到你的哭声，你的前夫和那个第三者更听不到。只有当你有一天能够站在高处放声大笑的时候，人们才会注意到你，并且由衷地佩服你能从废墟中站起来。"

幸福的秘诀，不是不曾遭受厄运。厄运是人生中无法回避的一部分，每个人或多或少会被它选中。我觉得，人生幸福的秘诀就是两个。

第一，正确归因，勇于为自己的选择承担责任。

第二，有界限感，划定边界。桥归桥，路归路，属于我的事情我会管，不属于我的事情随它去。不控制，不强求。

人生就像一场密室逃脱游戏。我们总能在上一个密室里，找到进入下一个密室的钥匙。玩完整场游戏，我们得到的也就是一些体验。

得与失、爱与恨、痛与乐，看起来有很大的差别，但实际上都是矛盾对立统一体。

如果你把自己看得更重要一点儿、把别人看轻一点儿，最终你会发现：这条人生路上，一直只有我们自己。我们遇到别人，体验一场爱恨，照见的也只是自己。

人生赛场上，我们最大的、唯一的对手，也只是自己。

04 离婚后，两不相欠，各自精彩

夫妻两人离婚后，都各自"支棱"起来，开启新生活，就是最好的结局。

当然了，分手后，对前任抱有"不希望你过得好，更不希望你过得比我好"的心情是人之常情。我觉得这种情绪，只要不是特别过分，那它对我们的人生是无害的。无非就是醋意上头，说不定还能激发我们奋起直追的勇气。

但是，如果你把大部分时间和精力都花去关注前任的一举一动，并因为对方在社交平台上晒出幸福画面，你就抓心挠肺地愤怒、不忿、难过，那就真没必要了。

你和前任曾经有过交集，但后来在某个路口分道扬镳，各自开着自己的车行驶在自己的人生大道上，已经大路朝天，各走一边。

如果你把时间和精力都花去观察他怎么开车、车上坐的什么人、后备厢拉的什么东西、车的配置如何，那你自己也很容易"翻车"。

所以，与其关注别人，不如建设自己。

关注你自己的车况、看清你自己的导航、关注你前方的路况、提升你的驾驶技能、赚足给车加油的钱……这才是你的人生重心。

当你的关注点由他变成自己以后，他对你而言，就是一个曾经熟悉但后来陌生的路人。你再听到他再婚、生子、发财甚至去世等消息，都只是会像听到某个关系一般的熟人的消息一样，也就震惊、感慨、悲伤那么一两秒。

所以，我觉得，人一定要有分清主要矛盾和次要矛盾的智慧。你的生活，就是你的主要矛盾。他的生活，不过就是次要矛盾。你宝贵的时间、精力、关注度，要放在自己的主要矛盾上。

如果你深陷各种各样的情绪中，不知道怎么解脱，我给你三个不成熟的锦囊。

首先，不必太把别人的幸福当回事儿。人一般不会在社交平台上"晒"痛苦，能"晒"出来的幸福、秀出来的恩爱，说明不了什么问题。你看到的，只是你能够看到的；你以为的，也只是你自己以为的。

其次，"风物长宜放眼量"。有些事，你在当下看着可能觉得很严重。但如果你放到二三十年的时间维度里看这个问题呢？它可能就不是什么事儿了。

最后，不要赌气，要争气，把宝贵的注意力放在更有意义的地方。现在的我，只想为自己争气，而不是跟前任较劲、赌气。"赌气"和"争气"虽只差一字，但此"气"非彼"气"。"争气"是一种对自我的要求，是一种积极的、主动的生活态度，是一种"自己的人生自己负责"的强者姿态，它能令我振奋。而"赌气"则是一种较劲，一种要跟别人一决高下的"怨气"，其反映出的心理不过是：我过得不如你，所以我要赶超你。

都已经各安天涯了，何苦呢？

爱过就好，不爱了潇洒转身就好。

那些往事，不必拿出来反复咀嚼。

前任的背影，也永远不必追。

人生苦短，短得来不及浪费时间去怨恨一个人或跟谁较劲。

在茫茫人海中，发现那个令你多看了一眼的人，你们携手走过一段路，最终他又消失在茫茫人海。他不欠你什么，是你自己欠自己一个"离了他依然能过得很好"的模样。

分开后的两个人，实在没必要再赛跑。

我们两不相欠，各自精彩。

再婚是给自己找伴侣，不是给孩子找爸妈

01 千万不要带着给孩子找父爱、母爱的心态再婚

前段时间，我收到一个网友的评论，她说："再婚真的好难好难，一个人带着儿子过得好难，好想有个伴，有个成年男性成为儿子的榜样。"

我非常理解这位网友的心情，也明白这可能只是她一时的抱怨，但我还是想谈谈几个问题。因为类似的心态，在离异女性、单亲妈妈中太普遍了。

第一，人在离婚后觉得生活艰难，是正常的。

但是，我真心希望大家能分清楚，这种艰难是离婚带给你的，还是人生固有的？事实上，不管是单身还是已婚，我们都会面临各式各样的艰难。把这种艰难归因于离婚或归因于原生家庭，其实都是一种不太好的心态，只会让你更加顾影自怜。我个人的看法是：只把艰难当成是艰难本身，而不胡乱去归因，要致力于跨越艰难。

第二，"因为我过得艰难，所以我想找个伴解决这种艰难"这种心态是不对的。

抱着这种心态的人，最终可能失望而归。活在这世上，每个

人都需要背负各自生活的重量，你希望别人拯救你于水火之中，说不定别人也等着你伸手拉他走出泥潭。因此，独立负担起自己的人生，让自己变成对别人更有价值的人，才是正解。

"等着王子来拯救"其实也是一种弱者心态。若是想遇到真爱，你可以欣赏和爱慕"王子"，但你的姿态必须是平等的，而不是自我矮化、仰视对方，也不该是"只想索取，不想付出"。这世上从来没有不劳而获的事，所有长久稳定的爱和幸福，都是你拿自己所拥有的，跟别人交换回来的。只有两个内心丰盈的人在一起，才有可能收获真正稳定幸福的感情。

生活对谁都很艰难，我们能靠自己站立、行走、奔跑，才能吸引到那个同样跟你一样站直了、走正了、跑得快的人来到身边。不信你去看看那些再婚后过得幸福的单亲妈妈，几乎无一不是自己一个人能把老人、孩子照顾好的独立女性。如果你自己本身就是个负担，还能寄希望于谁来拯救你呢？

第三，孩子不该成为我们过得艰难的原因。

要孩子的这个决定，当初是我们自己做出来的，我们没有问过孩子是不是愿意来到这世上，既然孩子已经出生，那我们就有义务成为合格的父母。这就像考驾照一样，既然我们打定了主意去学车，也付出了行动，那么，不管这过程中遇到多严厉的教练、多么难通过的科目，都不可以把自己狼狈的原因归结于"去考驾照"的决定。归因于"是我自己不够努力"，比较容易让人进步。

第四，离婚不是为了再婚，只是为了止损。

如果一个人离婚的目的是再婚，他离婚后的主要人生目标是再婚，那么，他多半还是会失望。离婚是为了不让自己继续沉浸在上一段婚姻的痛苦之中，是为了止损。从某种意义上来讲，离婚之后你只要过得比过去开心，那你就已经成功了。

我们不是只为了婚姻这件事而活着，人生还有更多充满乐趣的事，只要你愿意，你总能找到恰当的方式去安放自己的灵魂。至于幸福的再婚，则是"得之你幸，不得你命"，没有也没什么大不了。

第五，不管是结婚、离婚还是再婚，这都只是当事人自己的追求，是当事人与另外一个人的关系发生了变动。它会影响到孩子，但本质上和孩子没关系。

我们总喜欢把孩子视为婚姻的一部分，但实际上，婚姻关系是婚姻关系，亲子关系是亲子关系，二者不该像糨糊一样搅和到一起。因此，一个人不管是结婚、离婚还是再婚，都只是他自己的决定，别再说是"为了孩子"。

如果离异女性抱着"给孩子找爸爸"的目的找男朋友，十个男人中可能会有九个想脱逃。对于对方而言，如果你是真正有吸引力和有价值的人，孩子是你生命的一部分，那么他就可以爱屋及乌。

至于"非要家里有个成年男性作为儿子的榜样"这种想法，我并不赞同。其实单亲妈妈的其他男性亲属、身边优秀的男同事、男性朋友也可以成为孩子的男性榜样。如果再婚遇到的男人素质不高，是个"在外人面前衣冠楚楚，在家里邋里邋遢、毛病多多"的人，反倒对孩子的成长不利。

还有一个问题是，我觉得人们在培养孩子时，总是过分强调性别特征。比如说，女孩子要有一个成年女性作为榜样，男孩子要有一个成年男性作为榜样……对此，我不以为然。

教育孩子，最重要的是教他做"人"。怎么做人？遵纪守法、品德优良、礼义仁智信……这些，都是一个"人"应该做到的，不分男女。做到了这些，你的孩子不管是男是女，都会成为一个对社会有用、有益的成年人。孩子的榜样，可以是任何一个优秀的人。

02 不必为了孩子，坚持不再婚

曾有一位读者给我发了这样一条私信：

"我本人也离婚了。我大学时没谈过恋爱，一毕业就被催婚，结婚后发现丈夫是个'妈宝男'，又自私又无能，在小家庭里他不起任何作用，和我爸一样。如果继续下去的话，我这辈子的生活就会和我妈一样，充满辛苦和抱怨，所以我离婚了。离了以后，我感觉很好，连适应期都没有。本来我就是独自持家带孩子，离婚后仍然独自带孩子。唯一的区别是，我不用受婆婆的气了，幸福指数越来越高。

"很多人都劝我'不要一朝被蛇咬，十年怕井绳'。其实我打算单身，并不是因为前一段婚姻给我留下了伤害，而放眼看去，从我爸开始，身边的男人都不是好丈夫。从小，我就看着我爸在家庭和婚姻里做了很多自私冷酷的事，他还很无能，把全部家庭责任都推到我妈身上。我妈很辛苦，努力扛着，她却又爱在我们面前抱怨男人。在我的心里，我也渐渐觉得男人都是自私又无能的。虽然我很年轻，但是，为了孩子，我打算永远不再找配偶，我总觉得连孩子爸爸都对孩子不好，我怎么能指望别的男人能对我的孩子好呢？我不再婚，就是对我的孩子利益最大化的选择。"

这位读者没有让自己复制妈妈的命运，其实已是一种难得的清醒和进步。她看过父亲和自己前夫的劣迹，又经历了离婚后犹如"劫后余生"的生活，她现在会对男性有偏见，我完全可以理解。有些偏见，源于我们自己的无知和傲慢，而有些偏见则会"保护我们不再受到类似的伤害"。这位读者会产生这样的想法，其实很正常。

我也理解这位读者的感受，离婚久了，当你适应了眼前这样的单身生活，真的不想再主动改变。

我自己向来是不主张"一竿子打翻一船人"的，因为人和人之间的差别本来就大，男人和男人之间的差别也很大。你只需要考虑你遇到的那个男人是怎样的，就可以了，无须去研究男性这个群体，因为这没法研究。你只需要了解清楚某一个，然后再决定自己要不要跟他共度余生，这才是正解。

有一回，我跟我妈一起带女儿下楼玩，在小区里遇到一个热心大姐。大姐年龄不过三十几岁，但她的价值观跟我的价值观之间却像隔了至少一代人。

譬如，她会很直接地教育我说："趁现在还年轻，你也快点给女儿找一个新爸爸。还有，为了以后好嫁一点儿，你最好不要让孩子和她的父亲太过熟络。"

我没反驳她，只是笑了笑，因为我明白：两个价值观不在同一个频道的人，互相说服是一件很累的事情。

像她这么想问题的人，明显是把单身母亲再婚这事儿"本末倒置"了。他们把单身妈妈置于一个"为了孩子而活"的地位，认为她连再婚都是为了孩子，而不是为了她自己。但如果我要找男朋友，我是找我的伴侣，而不是"给孩子找爸爸"。孩子是有爸爸的，她不需要另找。换你是一个男人，如果一个女人抱着"给自己孩子找个爸爸"的心态找上你，你会怎么想？

即便我再去找伴侣，我要找的，也是一个真正爱我，并且"爱屋及乌"对女儿好的人。那些不肯接受我女儿，或者嫌弃我女儿跟她亲爸太过熟络的男人，根本就不可能被列为我的目标群体。所以凭什么我要为了赢得这种人的青睐，而让孩子跟她亲爸爸疏远呢？

有一回，这位大姐跟我聊起二胎。大姐说："赶紧找个人，跟他再生一个呗。"

还没等我说完，我妈接话说"难了"，然后她居然模仿我女儿的口吻说："妈妈带着我，就很难再嫁了，更难找谁给我生个小弟弟或小妹妹了。"

我立刻制止了我妈，然后对女儿说："妈妈不找男朋友，不是因为找不到，而是暂时没遇到合适的。而且，即便妈妈找不到男朋友，跟你也没有任何关系呀，完全是妈妈的问题，是妈妈挑剔。"

我提倡单亲妈妈离婚后随缘、勇敢地开启一段新恋情，这是你的权利。但如果你打定主意不再恋爱、不再婚，也是可以的。我觉得再婚这事儿就跟学做蛋糕似的——你愿意去学，付出你的时间、精力，收获一门技能，挺好；你觉得自己对学做蛋糕不感兴趣，不会做蛋糕也不会影响到自己的生活，不想花时间去学一门你觉得无足轻重的技艺，也完全可以。是否再婚，不该成为束缚我们的一个"框"。比起是否再婚，更重要的是我们怎样过自己的人生。

在孩子面前，我们只需要承担起作为父亲或母亲的责任，就是合格的抚养人。有的单身父亲或母亲会因为想给孩子做个好榜样，而慎重对待与他人的情感关系，而有的人却觉得这是他们作为男人或女人的恋爱自由，与父亲或母亲的角色无关。

我觉得，只要不伤害到他人，不违反公序良俗，也不会对孩子的健康成长造成负面的影响，单身母亲或父亲跟他人保持怎样的情感关系都是可以的。

一个单身父亲或母亲谈不谈恋爱、换不换伴侣，都不该成为能被剥夺抚养权的理由。人们对单身父亲或母亲，不该有"他就要一辈子不结婚、就要一心扑在孩子身上才是个合格父亲或母亲"的"道德绑架"式观念。

当年我从来没想过"为了孩子不离婚"，如今就断然不会"为了孩子再婚"或"为了孩子坚持单身"。一个离异女人暂时遇不到自己想爱的人，跟"为了孩子坚持单身"没有丝毫关系。我和孩子是两个独立平等的个体。我的婚姻、我的爱情、我的事业、我的爱好、我的身体、我的时间，都是我自己的，跟别人没关系。

　　总的来说，我认为离婚后再婚与否只是一种个人选择和自由。而真正的自由，是活在我们自己的价值体系中，活在自我的感受中，而不是活在别人设定给你的"框"中。我们都该想通这一点。

后妈对孩子不好，亲爹难辞其咎

01 后妈对孩子的态度，都是亲爹默许的

我女儿闺蜜小秀的奶奶在她出生前就去世了。她爷爷跟奶奶感情很好，但奶奶去世后一年多以后，爷爷就找了一个配偶，小秀就有了新奶奶。爷爷有较好的经济实力，很疼小孙女，新奶奶也对小孙女特别好。小孙女对亲奶奶没什么印象，就跟新奶奶很亲。他们一家人在一起，和和美美。

据我观察，生活中确实存在这样一个现象：有孩子的男人在丧偶或离异后再婚，他的新妻子是否会对他的儿女、孙子女好，很大程度上取决于他本身的经济实力。经济实力强、话语权大，又对与前任妻子的儿女、孙子女好的男人，他的再婚妻子欺负、虐待继子女、继孙子女的可能性非常小。

好多童话里都会描绘后妈的坏。比如《灰姑娘》中，灰姑娘的父亲，在续弦时不考察后妈人品，他在生前不对财产做任何安排，不给女儿"留后手"，直接把灰姑娘推入了被后妈和两个姐姐欺辱的深渊。《白雪公主》中，白雪公主的父亲，续弦只看对方的相貌不看人品，他的新王后已经拥有财富、美貌、权势，可还是嫉妒白雪公主的美貌。

但不知道大家想过没有，这些后妈的坏，几乎都是由不合格的父亲催生的。

通常来讲，有爱、有安全感的女人，对待丈夫与前任生的孩子，状态是松弛的，姿态是宽容的。很多时候，核心问题就出在中间那个男人身上。他若珍惜和重视与前任生的孩子，别人就不敢怠慢。他若处理得好这些关系，不把双方置于对立面，就没有人会受伤。可是，很多人看这些故事的时候，依然是不客观的视角，只觉得这个父亲是无辜的，坏的是后妈。

有的男人特别喜欢看前妻后妻相斗的戏码，喜欢看婆媳相斗的戏码，喜欢看原配斗第三者的戏码……是因为他们处于被争抢的地位。所以，如果一个后妈会把丈夫与前妻生的孩子视为"外人"，这无非是这个男人导致的结果。父亲对孩子的态度，也决定了后妈对孩子的态度。孩子在后妈得到的所有关爱，可能都是后妈做给孩子父亲看的；但孩子在后妈那里得到的所有冷遇，可能也都是这个父亲默许甚至是鼓励的。

有位爸爸，他离婚后再婚、生子，但不管是办婚礼还是迎接孩子出生，他都把这些情况对他跟前妻生的大女儿瞒得死死的，理由是他怕他后妻不悦。六七岁的大女儿觉得爸爸结婚这事儿很新奇，多次表达过很想参加父亲的婚礼，甚至想上婚礼当小花童，但父亲选择了拒绝，担心她会成为"不和谐的音符"。

对我来说，我与前任生的孩子，不管跟谁生活在一起，都是我的荣耀，是我生命中不可割舍的一部分，是必须要出席自己婚礼的，是可以成为新家庭的一分子的。如果我跟现任丈夫生了孩子，我们会注意促进两个同母异父孩子的融合，而不是人为制造差别、对立、撕裂。

但对某些再婚的父母来说，与前任生的孩子就是自己婚礼上的"尴尬"，是自己有过失败婚史的"例证"，是影响自己幸福的"不和谐音符"。让这个孩子来参加再婚的婚礼，是很煞风景的，是会让现任及其家人不高兴的。这个孩子，是他开启新生活的"障碍"，是他"新家庭"里的"外人"。

绝大多数单亲妈妈如果再婚，跟前夫生的孩子是要"绑"在自己身上的。我也见过好多单亲妈妈在谈恋爱的约会期间都把孩子带上，只有跟男友做亲密举动时才会避开孩子。这样一来，她们再婚后，现任老公和继子女的关系就很好，家庭关系和谐。孩子多了一个爱护自己的长辈，男友多了一个尊敬和孝顺自己的晚辈，两个同母异父的孩子也相处和谐，长大后互相帮扶。

但是，有些单亲爸爸就不一样了。他们会想，约会这种事，怎么能让孩子来打扰自己的二人世界呢？与新妻子的婚礼、新建立的一家三口出游的场合，怎么能让与前任生的孩子作为不和谐的碍眼物出现呢？是他自己介意这个孩子，介意自己那段历史，然后把这种介意表现在了生活的每一个细节里。那么，他现任妻子和她生的孩子，就都看在眼里，学在心里。

如果从一开始，离异男人就给新家庭确立了一种以"排异"和"竞争"为核心、而不是"融合"和"协作"为核心的家庭文化。从一开始，他就认定现任妻儿与前任生的孩子的利益不能两全，将双方置于对立面，那么，他的现任妻子与继子女的关系，以及同父异母的孩子们的关系，就很难融洽。

02 公平与否，拉长时间维度去看

太阳底下没有新鲜事。我有时候看到一些男性名人跟前妻生的孩子、后妻生的孩子之间的缘分，都很是唏嘘。

某些男性名人年轻的时候，拼命追求自己心目中的"女神"，追求到了之后自己却出轨了。那时候，他们穷得几乎什么也没有，或是处于创业初期阶段，长子长女就出生于这种清贫且父母感情动荡的时期，父爱几乎是缺席的。等到他们功成名就、再娶妻再生子，此时他们什么都有了，便开始想要找回自己已失去的天伦之乐，但长子女已经大了，缺失的父爱无法弥补，然后，他们就把所有资源都倾斜到幼子女身上。

再过二十年，你就会发现，长子女和幼子女的命运会有很大的不同。长子女从小比较懂事，他们所得到的一切大多是自力更生得到的。幼子女们从小在丰富的物质环境中长大，父亲又年老、精力不济以及因为"老来得子"而变成了"慈父"，母亲需要依附父亲生存，在家里没太强的话语权。因此，幼子女们即使得了大笔财产，他们将来会成为什么样的人、能否守得住这些财富，也很难讲。

我们观察这类家庭的故事，就很明显能感知到"家庭文化"的差别：男人与前妻相识于微时，两个人的结合大多出于纯真的爱意，出于这种"真心"生下来的长子女，大多性情也会敦厚一些。日后，即使父亲变心、父母离异，他们跟随母亲生活，母亲也会着重引导他们树立比较正的三观。比如，在对钱财的态度上，他们往往不会那么急切地争宠、争利，而是勤俭节约、自力更生，比较容易形成正确的金钱观。

男人与后妻结合的时候，往往已经功成名就，后妻大多也是奔着男人能给自己更多资源而与男人结合的，这种婚姻，功利性大于情感性，孩子甚至成为后妻稳固自己家庭地位的工具。日后，这样的家庭也会形成比较功利的家庭文化。如果男人还负有养育长子女的重任，且后妻是靠自己供养生活的话，后妻就会不自觉地产生浓厚的"雌竞"心理。后妻带着"他的钱不花在自己家，就会给他与前妻生的孩子"的心态，引导丈夫把家庭资源都倾斜到幼子女的身上，也就更容易宠坏孩子。

看起来，长子女得到的父爱简直少到可怜，一点儿都不公平。但"命运是否公平"，你不能只看现在，真的需要拉长时间维度去看。

一个前妻和现妻都各生有孩子但自己拎不清的男人，你们认为是他的前妻更难受，还是后妻更难受？我认为是后妻。

对于前妻而言，反正她已经跟他离婚了，他过得好与坏，都跟她无关，她只关心他给孩子的钱是否到位。换而言之，由于信息不对称，她只是代孩子间接"受"的一方，是接收者。而对后妻来说，她能清晰地看到男人是怎么分配自己的金钱、时间、注意力等资源的。能看到，就会有"比较心"，有"比较心"就很容易计较，也比较容易心理失衡。换而言之，因为信息相对透明，她是直接"受"的一方，同时也会代入"给"的一方考虑问题，是给予者的监督者。如果她不是家庭资源的创造方，就更容易陷入这种"雌竞"之中，她会想"你给跟前妻生的孩子多少，你就得给我和你生的孩子多少"，然后陷入"烧钱竞赛"。家庭合力，也在这种"烧钱竞赛"中消失殆尽。

我认识的一个女性朋友，她就是后妻这个角色。她老公确实赚得多，但每次她看到老公给他与前妻生的女儿多花一点儿钱，她就陷入心理不平衡，就要求老公也给自己生的儿子买一份，哪怕儿子暂时用不着。比如，未成年人不能开车，她却让老公先给自己未成年的儿子买辆车。这样一来，就很容易造成家庭资源的浪费。

而很幸运，我处于前妻这个角色。从离婚第一天开始，我就发誓：即使前夫一分抚养费都不给我，我也要让女儿过上更好的生活。五年后，我做到了。前夫给的抚养费，对我们来说不再是生活必需，而是"他应该给的"，是"锦上添花"。

我的时间、精力，都用来创造，而不是争抢。创造，是有复利效应的。就算起初的收获很少，但后来"雪球滚动"，收获就会越大越多。而且，整个过程我完全可以自主，不受制于任何人。我的征程是"整个世界"，而不是在"某个家庭里"，也不是在"某个男人身上"。我的野心是，希望自己和女儿将来都能发展好，能成为所有关系中的给予者，而不是接收者。

为此，我真的很努力，希望女儿也努力。我希望女儿将来能与她后妈、同父异母的弟弟形成互帮互助的关系，而不是形成竞争和撕抢的关系。但从我前夫的种种表现来看，这只是我的奢望，是实现不了的。因为从一开始，他确立的家庭文化基调就是对立而不是融合。既然如此，我只希望女儿能接受这种命运，并且和我一样拿出点儿志气来，成为给予者，把人生过得更丰盛。

以平常心看待"前任变靠谱了"这事儿

01 离婚后，距离产生美

离婚后，我一直没想到一个合适的词来形容和我前夫的关系。朋友？不可能的。我不缺这样的朋友，他也不缺。半个亲人？似乎也不对，他是我女儿的亲人，不是我的。"养娃合伙人"？也不大对，合伙的股份不好分配。

后来，我想到一个非常妥帖的词：托孤之交。什么是"托孤之交"？就是如果哪天我走了，他是全世界最合适接手抚养女儿的人。所以，只要我是真爱孩子，就不可能盼他不好。

孩子生病的时候，前夫为孩子忙前忙后。一个朋友见了，问我："是不是离婚之后，感觉前夫变靠谱多了？"我说"是"。朋友随后说："说不定你前夫的朋友也会问他，是不是离婚之后，感觉前妻变得有魅力多了？"我听了，哈哈大笑。

我估摸着，现实生活中很多离了婚的男女，看彼此都是这样，但这并不意味着他们会复婚，或者都期待着回到从前。

俗话说，距离产生美。这话运用在离异男女身上也是一样的。你不再跟那个人住在同一个屋檐下，不再关心他的悲欢喜乐，你们之间不再有利益关系的捆绑，自然也能用"一个人"对

"另外一个人"的视角去观察他。当你不再给对方设定过多的义务时，对方不就变得顺眼多了吗？

一对男女在离婚后可能会"相看顺眼"，许多公婆也会在儿子、儿媳离婚后可能会对儿媳改观。

儿子追求准儿媳的阶段，他们因为对准儿媳不大熟悉，老觉得准儿媳"气场两米八"，成天跟儿子说："你要表现好一点儿，以免人家看不上你啊。"这个阶段，准儿媳是挂在天上的"月亮"，自己家儿子娶妻是大事，当然希望儿子能成功。

儿媳一进门，"月亮"就变成"月饼"了。大家隔得近了，彼此熟悉了，公婆可能就各种看儿媳不顺眼。你有主见，说你强势；你没主见，说你不扛事儿；你赚钱多，说女人在职场太忙、太拼了，肯定顾不上家；你赚钱少或是当家庭主妇，又说你对家庭没经济贡献……总之，你怎么着都不对。

儿媳跟儿子离婚了，吃得着的"月饼"又变成够不着的"月亮"了。

自从离了婚，我再也不关心前夫几点回家、睡在哪儿，日子过得舒爽多了。只要他按时给抚养费、按约定时间来接孩子，我和他几乎不会有任何冲突。慢慢地，我再看那个人，就不再觉得那么碍眼了。

有了距离这层面纱，你会觉得：咦，星星不像那颗星星，月亮也不像那个月亮。

当然了，跟他接触的时间长了之后，那种"碍眼感"就又来了。比如，交接孩子的地点有变，而他找不到目的地，就会埋怨我。又比如，学校每天要求家长在线上填报这个、填报那个，我请他协助填报一下，而他刚好弄不懂那些流程，就对我怨气冲天。我直接怼回去："你怎么就理所当然地认为我要为你的'路盲'和'技术盲'负责呢？拿出你对待合伙人的态度对我，好吗？你我之间，本就只是育儿合伙人。我待你如此，希望你待我也是如此。"

"距离"果真是一层面纱。这层面纱被揭开之后，你会由衷地感慨：星星还是那颗星星，月亮还是那个月亮。

02 离婚后，双方对彼此的期待值会降低

一位单亲妈妈朋友跟我说："离婚之前，我经常因为前夫让我过着'丧偶式育儿'的生活而生气，因为我对他还有期待，有期待就会失望。离婚后，他为孩子做的一切，虽然都是应该的，但对我而言，每一桩、每一件都是惊喜，都像白捡来的。这样，我的心情可不就变愉悦了吗？"

对一个离异男来说，也是如此。前妻再也不会唠叨，再也不会愁眉苦脸，再也不会跟他吵架，当初那个牢骚满腹的怨妇，如今岁月静好，可不就又变得有魅力了吗？

对于大多数普通离异女性来说，她离婚后再也不气恼，并不是因为她"变宽容、变大方、懂得体谅前夫的不容易"了，而只是他对她而言，已经不重要了。她不再需要他的陪伴，也不再担心他的身体、他的安危。她不再担心他会跟别人做什么出格的事儿，所以他去做什么都可以。

过去，他曾经是她心里的一部分，是她下雨天的伞、冬雪天的暖气、大热天的空调；而后来，他只是窗外的柳絮，不管是飞起来还是落下去，都不会对她造成多大的影响，至多只是让她觉得出门的时候有点麻烦，因为要戴个口罩而已。

我听过一个很好笑的案例，一个男人都离婚两年了，死活要跟前妻复婚。因为前妻离婚后越来越好，将自己和儿子的生活也打理得很好，还总出门旅游。而他跟第三者的关系越来越差，他后来说了一句让人啼笑皆非的话："如果我不跟她离婚，她能过上这好日子吗？她的好日子是建立在我的痛苦上的。"

离婚后的男女再看前夫、前妻，觉得人家变靠谱了，大概也是因为"离婚"这件事还是能给当事人带来一定的触动。

那些离了婚依然死不悔改的人也有，这种情况咱先不谈。离婚对普通人来讲，好歹也算是一个坎儿，很多人会因为这个坎儿而反省自己，然后，一点点改正。特别是有了孩子的那一拨人，他们看着孩子天真活泼的样子，总会于心不忍，想想从前的自己怎么那么混蛋，内疚感就更强了，就更有动力做个好爸爸、好妈妈了。只是，如果他们再婚，即使过得不好，可能也不愿意再离婚了。

他们总让我想起《我的前半生》里的陈俊生。陈俊生也算不上坏，只是他面对生活的夹击，总是像水一样，哪里看着阻碍小，就往哪里逃。他和我们认识的那些活得"拎不清"的男人一样，不具备解决问题和冲突的能力，遇到事情第一反应是逃避，哪里看起来舒适就往哪里逃，结果最终发现这世界上根本没有能让他躲起来的"桃花源"。在他和前妻婚姻出现问题的时候，他不去找前妻沟通，而是去婚外情人那里寻求安慰。他对前妻感到不满，却不肯帮助她成长，只是一味地认为自己赚钱养家，就尽到了最大的责任。

现实生活中，这样"拎不清"的男人比比皆是，他们在情感和婚姻上极易犯错误，并且最终把自己搞得疲惫不堪、晕头转向，心中永远有疲惫和遗憾在。用张爱玲的话说便是："娶了红玫瑰，久而久之，红的变成了墙上的一抹蚊子血，白的还是'床前明月光'；娶了白玫瑰，白的便是衣服上的一粒饭黏子，红的却是心口上的一颗朱砂痣。"

但是，当陈俊生真正和第三者凌玲生活在一起，面对生活的柴米油盐，面对锅碗瓢盆的各种碰撞时，当他发现婚后的凌玲不似婚前那般可爱时，当他发现自己折腾了一圈不过就是"刚送走一个孙悟空，又请来一个猴"时，或许会后悔当初的选择。只是，虽然他也会疲倦，也会不满，但因为忌惮于上次"离婚割肉"，忌惮处理越来越复杂的关系，他会不断说服自己麻木地苟活在婚姻的围城之中，然后终此一生。

离一次婚已经像掉一层皮了，再离婚、再重组的成本高到当事人受不起，加之年纪大了，也折腾不起了，就只能说服自己凑合着过下去，跟半路"杀"进自己生活的那个人携手成就一段"白头偕老"的所谓"佳话"。

生活对每个人来说都是不容易的，有问题了勇敢去面对，逃不掉的。你暂时逃避掉的那些苦和难，生活会变本加厉地还给你，你早晚得面对。

03 前任发达，与我何干

曾经有人问我这样一个问题：如果你前夫离婚后发达了，你会不会有一丝后悔？

我竟不知道怎么回答这种问题，心想对方怎么就不问：离婚后我变更好了，前夫会不会有一丝后悔？

人为什么要后悔让自己感到痛苦的人和事？

很多人选择离婚，是因为感受不到幸福，跟对象有钱没钱还不一定有关系。原本在一段婚姻关系中势不两立、水火不容的男女，离婚后反而可以相安无事了，但是，如果你要让他们再过到一起去，那是很难的。

离了婚，变成"托孤之交"的两个人，大多活得都像一对"好哥们儿"了，又怎会萌生"回到过去"的想法呢，何况根本回不去。你最大的念想，只是希望对方以"孩子爸爸"的身份好好活着，多赚点儿钱，多给孩子一些经济和心理支持。如果一定要再娶，你会希望他能娶个善良的、会友善对待你们共同的孩子的女人。若再娶的不是这样的女人，也没关系，那毕竟是别人的人生，孩子如何跟他们互动也是孩子和他们之间的事儿。到了一定年纪后，我们只需要管好自己该管的事儿就好。

到这个年纪，我也常常觉得人生就像到了秋天，越来越寒凉。时间越来越不够用，日子也过得越来越快。去年过春节的情形好像还在昨天，今年春节又结束了。爱恨情仇，我早就不计较了。伤害过自己的人，更是懒得恨，没时间恨、没精力恨，也没体力恨，那些伤痛的往事我都快记不清楚了，再想起来也不会觉得伤心，发自内心地觉得那不过就是一段经历而已，和甜蜜的往事在本质上并无不同。

对方曾对我很好，自然不假；对方曾对我很不好，那也是真的。曾经的好和坏，对后来的我而言也不过就是一件"事儿"，感怀一阵，也就过了。

古罗马哲学家爱比克·泰德曾说过，永远不要说什么"我已经失去它了"这类的话，而只说"我已经把它还回去了"。

离婚后某天，我读到这句话，突然茅塞顿开。我并没有失去什么，只是把他"还"回去了。我也没有失去自己，因为我把自己"还"回来了。就连辞职，也不是我失去了一份相对稳定的体制内工作，而是"我把自己还回到了自己应该待的位置"。

时间就像洗澡水，只是流经了我们的肉体一下而已，人生的本质就是聚散。没有人能挡住我们带着微笑、向着宁静出发。

人在外界的一切遭遇，大多只是"本心"的倒影。我们都得先自知，再自洽，后自律，从认知、核心价值观体系、执行力层面三管齐下，最终获得内心的宁静。

世界发展靠科技，人不崩溃靠哲学。

人当如明月，自负盈亏。

心当有定境，不住因果。

女本自强，为母更刚

01 宁做"泼妇"，不做怨妇

一个网友给我留言说："昨天晚上，我 11 岁的女儿给她爸爸打电话要抚养费。她爸爸对孩子说，不该把房子给我，现在这个房子值那么多钱，凭什么还要他付钱？孩子爸爸还威胁我，他不给抚养费的事情不许告诉他爸（孩子爷爷），再告诉的话，让我小心点发。我女儿哭着跟他吵起来了。曾经，他肆无忌惮地伤害我，无情地背叛我，现在依旧如此。是什么原因让他理直气壮地出轨，还威胁被伤害的前妻呢？"

评论区的网友们都在指责这位发布留言的妈妈："你为什么要让孩子去要抚养费，这不是你应该做的事情吗？"

此案例中的父亲确实不是个东西，但我觉得网友们说得对。

这个妈妈，让我想起电视剧《情深深雨蒙蒙》里的傅文佩，她自己不去陆家要抚养费、赡养费，而是让女儿陆依萍过去要，间接导致陆依萍被父亲鞭打、被雪姨羞辱、被同父异母的兄弟姐妹们看笑话。

曾经，我很讨厌雪姨，对傅文佩这个角色充满了同情。我那时认为傅文佩之所以过得那么悲惨，是因为雪姨太恶毒。奇怪的是，长大以后，我忽然觉得，傅文佩过成那样，她自身是有很大责任的。

相比雪姨，傅文佩一直生活得很被动。同是被陆振华相中并迎娶，傅文佩是完全被动的，结婚以后不管遭遇什么事，都只会逆来顺受。

长期以来，人们都是褒奖傅文佩而鄙薄雪姨的。所有人一提起雪姨，都觉得她是个心如毒蛇的坏女人，是个大反派，而傅文佩则是贤惠体贴、善良温柔、知书达理的正派角色。年少时我看这部剧，也是觉得雪姨着实可恶。只是，随着年岁渐长，现在再回想她的所作所为，我竟觉得有点儿解气，尤其是看她瞪着眼睛叉着腰，做泼妇状骂陆振华的情节。

纵然我觉得雪姨做人格局很小、人品很坏，但我还是觉得，在承担母亲职责这方面，傅文佩不如雪姨。

从结果来说，依萍被迫去做歌女，而雪姨的子女都锦衣玉食接受最好的教育，毕业后有体面的工作，衣食无忧。而傅文佩却在命运的沉浮中从不为自己和女儿努力争取资源，只能与依萍过上穷困潦倒的生活。雪姨比傅文佩值得肯定的一点是，她更现实，也更懂得保护自己和孩子。

傅文佩让人"哀其不幸，怒其不争"，这个只晓得记恩却不记仇的女人，哪怕丈夫见异思迁、薄情寡义，给他带来无数劫数，她还在心里敬佩和惦念他。

有一次，依萍挨了打回到家里，依萍为了不让妈妈担心，闪闪躲躲的。她追问依萍："你被打了，谁打的？"依萍说，是她那个黑豹子爸爸。文佩还非常震惊地说："你爸爸，他打了你，我不相信，他看在我们夫妻多年的情分上也不应该打你。"不难想象，傅文佩一直活在幻想里，不肯接受人性之恶、人情的凉薄。

故事的结局是：陆振华终于发现了雪姨的坏和傅文佩的好，被雪姨欺骗的他跟傅文佩来了个大团圆。如果这就是傅文佩想要的"守得云开见月明"，那我也只能说她"求仁得仁"了吧。

事实上，一个女人越是没自我，为男人、家庭和孩子牺牲越多，男人越容易产生把她当成免费保姆的错觉。他或许也会感恩，也会感动，也会心怀愧疚，但很难与她恩爱缠绵。一个人若没了自我，自然也就没了魅力。

生活中，不知道有多少男人希望能找到一个傅文佩这样的妻子。这样的人之所以会受欢迎，或许就在于她很能忍辱负重吧。只能说人和人不同，"傅文佩们"自己做的选择，日后总要自己买单。

02 能独立，就不要攀附

不过，傅文佩和雪姨只是电视剧角色，而且她们生活在女性很难主宰自我命运的旧时代。今天的时代，我们没有战乱，不需要颠沛流离地逃难。虽然男女不平等的现象依然存在，但我们不依赖男人也能吃饱穿暖，可以上大学、找工作、买房买车，继而选择独立、有尊严地活着。所以，今天的时代，我希望大家既不要做傅文佩，也不要做雪姨，因为二者都必须要依靠男人才能存活，都必须用贤惠、用心机展开"雌竞"才能给儿女争取到一点儿生存资源。女人最好的活法，就是独立。只有独立自强，才能安稳走完自己想要的人生，才能为儿女树立榜样、创造更好的成长空间。

有一天，我女儿突然跟我说："妈妈，我觉得你过得好辛苦，每天早出晚归，还经常加班到十一点才下班回家，连花钱享受的时间都没有。某阿姨看起来就比你轻松、清闲很多，她有老公赚钱，只需要管孩子，而且孩子也有人帮忙带。我认识的大人中，你学历最高、能力最强，但也最辛苦。"

女儿说的这个阿姨，嫁了一个比自己大十几岁的、离过婚的男人，过上了衣食无忧的生活，但丈夫的房子、车子、钱财都是他的婚前财产，她只拥有使用权。她丈夫有个公司，但公司的实际控制人是公婆。丈夫婚后买的豪宅、豪车，也都登记在公婆的名下。外人看着她，觉得光鲜亮丽，只有她自己知道，一旦离了婚，她什么都没有。她的丈夫嫖娼，她也只是睁只眼闭只眼。

我问女儿："那……这两种生活，你羡慕哪种呢？"

她回答："都不羡慕，但阿姨看起来确实比你轻松、清闲很多。我看你每天都好忙好累啊，帮我在作业本上签名的时间都没有。"

我跟她说了一大堆道理："每一种生活都值得尊重，但每一种生活背后都是有代价的。每个人选择适合自己的生活，并承担它就好了。你现在看我过得辛苦，是因为在你这个年纪，你只能看到表层的这些东西。比如，你只看到我的代价，但看不到我的自主与自由。站在我的角度，我更喜欢我现在的生活，我做着我热爱的事情，还可以自主、全权决定我的生活。这两种生活，就像野生熊猫和动物园里的熊猫过的生活一样。野生熊猫过得更辛苦，需要自己去找吃的，但它能爬上更高的山和树，有更大的活动空间和视野，能体会到更丰富的'熊生'。哪怕是地震了、爆发山洪了，他们大概也有能力自救，它可以按照自己的意愿去生活。动物园里的熊猫，一直生活在动物园里，每天都有人定时投喂，还有机会成为万众瞩目的'网红'，它们被人类照顾得很好，但命运很难自主。它们的命运，依赖于人类的决定。将来活得好与坏，太依赖运气。发生自然灾害时，或许只能依靠人类把他们从圈舍里救出来。

"有些男人也会羡慕'有人赚钱给自己花'的生活，但没几个男人真愿意走这条路，是因为他们明白自主、自足、与社会交换价值的快乐和益处，也明白做'动物园里的熊猫'的风险。我认为，这种事不是给女性的特权，而是给女性的枷锁。我们首先要成为自己，然后才是别人的妻子、母亲。成为自己，这一步是重中之重。参与社会劳动，可以让我们更快找到自己的坐标、找到自己在这个社会上的位置，这个比在家庭中找自我的位置更重要。找到了这个位置，你才能在家庭中做到'进可攻，退可守'。

"我和某阿姨过的两种生活，各有好坏，各有代价。有些代价，要很长时间后才能看到。比如，你如果现在天天把时间花去玩游戏，那你到了二三十岁甚至四五十岁的时候就能看到这样做的代价了。我现在每天工作时间太长，腰椎坏了，那我到了五六十岁的时候也能看到代价。所以，很多事不要只看现在，而是要'想长远'。

"你说妈妈辛苦，这是肯定的，但这条路是我喜欢的，我就不觉得辛苦。我每天都在创造，我反而觉得自己很幸福，就是遗憾陪伴你的时间太少了，但也正是因为少，我更加珍惜陪伴你的时光呀。"

但我还要再强调一点：在任何靠婚姻过上更好物质生活的女人面前，我都没有任何优越感。

我觉得生活就是很苦的，每个人都很不容易，所以，每个女人都有权利追求更好的生活。如果婚姻可以成为女人的一条出路、退路，那真的也没有什么错。何况，在这条路上，这样的女人也有付出。她们是付出交换价值的一方，不是凭空得到了男人单方面的物质供给和施舍。你甚至可以说她们其实是付出更多的一方，或者说是亏本的一方。

我真心希望我的女儿能够掌握那些"真正的力量"。这力量不是用来取悦他人，而是用来工作、升职、获取收入，凭借自己的实力拥有社会地位、财富和话语权。

我知道，现在很多女性面临着是"野生"还是"动物园"的选择，而男性通常不需要选择。他们从小就被鼓励去"野外"生存。

女性则不一样，有些家庭将一切财富和资源都留给儿子，女儿从小的使命就是嫁人、成为两个家族交换利益的桥梁，她过得好与不好，只取决于父亲好不好、丈夫好不好、儿子好不好。如果她选择"野生"，生活就会很难，她要接受社会舆论的围剿、因体力弱势造就的不安全环境的围剿、职场歧视的围剿……但是，如果接受"圈养"，生活其实也一样很难，房屋钥匙是她的，但房产是别人的，处置权也是别人的。更惨的情况是，她的家务和育儿劳动可能也是无偿的。

所以，女人们，如果你能独立，千万不要去攀附。

每一条捷径的尽头，可能都是深坑。还是那句话，选吃苦是在走上坡路，选受气是在走下坡路。作为女性，我们一定要往上走，坚定不移地走上坡路。

女人当独立自强，这是正确的、让你终身受益的、唯一的出路。

让单亲妈妈群体被"看见"

01 关注单亲妈妈群体

如今，选择摆脱低质量婚姻的人越来越多，而且夫妻双方离婚后，孩子大多跟母亲，且母亲离婚后再婚的概率也更低。

分析"单亲妈妈数量比单亲爸爸多"这个现象的成因，我觉得有以下几个方面：

第一，从生物层面分析，女性更愿意甚至极力争取让孩子跟自己一起生活，这是母性使然。

生育这件事上，男性和女性的付出程度可不一样。受精卵一步步发育成为胚胎、胎儿，再到婴儿成功分娩，整个过程的艰辛几乎都是女性在承担。孩子出生后，女性又承担了哺乳责任。这种天然的属性，让女性和孩子之间的联系更紧密。男性只提供了一枚"种子"，但孩子却真的是妈妈的"骨中骨，肉中肉"。有了这种与孩子"一体共生"的经历，女性在面对与丈夫离婚这种情况时，大多会争取孩子的抚养权。从某种意义上来说，这是一种本能。相比天生的母性，父性则是"后天养成"的。很多男人在孩子只会吃喝拉撒哭的阶段，基本上感受不到作为父亲的存在感。如果夫妻双方离婚，男人在争取孩子抚养权时，动力确实不如女性。

第二，从法律层面分析，法律倾向于保护母亲的抚养权。

女性若在哺乳期提出离婚，孩子一般跟母亲。女性哺乳期，在一般情况下，男方也不能提出离婚。女方若是主动提出离婚，得在离婚协议中注明是自己主动提的离婚。两周岁以下的孩子，按照最有利于未成年人子女的原则，一般跟妈妈生活，即使夫妻双方打官司到了法院，法院一般也会把孩子判给母亲。但是，下列不适合抚养孩子的情形除外：妈妈有传染病或者其他严重疾病，难以照顾孩子的生活起居；或者妈妈有抚养条件却不尽抚养义务，而爸爸要求抚养孩子的。两周岁以上的孩子，判定其抚养权归属时，所要考虑的因素就变多了。比如，父母是否丧失生育能力；跟孩子生活时间长短；是否有其他子女；是否患有严重疾病或者生活环境不利于孩子身心健康。已满八周岁的孩子，父母要是离婚了，在"跟谁一起生活"这个问题上，法律很大程度上也要尊重孩子自己的意见。因此，只有孩子过了两周岁以后，法律在判定抚养权归属时，才不会特别向母亲倾斜。可现实生活中，大多数家庭长期维持"男人外出赚钱，女人负责带娃"的婚姻模式，使得孩子跟母亲的情感关系更紧密，此时，母亲们若是稍有点儿赚钱能力和经济实力，就相对比较容易争取到孩子抚养权。这种现状，客观上也决定了单亲妈妈数量多于单亲爸爸。

第三，现实案例中导致婚姻破裂的过错方，确实是男性比女性更多。

女性离婚时倾向于要孩子，往往也是因为看到男方在婚姻存续期间都对孩子不负责任，所以想象不到男方离婚后或再婚之后能对孩子负责到什么程度。此外，现实生活中，确实有很多单亲爸爸虽然争取到了抚养权，却对管教孩子不是很上心，直接把孩子扔给自己的父母了事。再就是，女性离婚时，若是选择不要孩子抚养权，很多时候会遭到舆论的谴责。

种种因素放在一起，就导致单亲妈妈的数量多于单亲爸爸了。

比较残酷的一点是，单亲妈妈争取到孩子的抚养权后，相关的配套措施却没跟上。一个比较现实的问题是抚养费问题。

如果孩子的抚养权给女方，父亲们所要支付的抚养费相比高额的育儿成本，实在是太低了，而且有些父亲还想出各种办法少付或不付抚养费。

法律规定：有固定收入的，抚育费一般可按其月总收入的20%至30%的比例给付。负担两个以上子女抚育费的，比例可适当提高，但一般不得超过月总收入的50%。这里说的"月总收入"指工资总额，包括固定工资、公积金、奖金等。

可是，即使是一个年入百万的人，账面上做到年入两万也是有可能的，对方光要证明这收入不属实，都要挠破头皮。即使法院判决要付，但他坚持不付，抚养孩子一方要追偿，也要累得掉一层皮。

未抚养孩子的一方若是收入不固定，抚养费按当地生活水平和行业平均收入而定，但是平均收入通常是很低的。法院裁定的抚养费通常比较低，有时候并不怎么考虑抚养责任的一方付出的劳动。

当然，现实生活中也有很多夫妻离婚后，孩子跟父亲生活。实际情况中，孩子跟了父亲，母亲还需要出抚养费的情况比较少，并且这类母亲只占极少数，现实生活中恐怕还是拿不到孩子抚养费的单亲妈妈居多。

近年来，曾有相关机构进行调研，结果显示，许多单亲妈妈都很少或没有得到来自前配偶的帮助，大部分只能独自承担照顾子女和老人的双份责任，她们的身体健康情况往往都一般甚至很差，她们在就业市场上也呈现出"难就业，难议价"的趋势。

落实到个案上，恐怕更让人触目惊心。有的单亲妈妈罹患重病却无人援手；有的单亲妈妈一个月只赚九百元，因为孩子弄丢了一张五元钱的地铁票，突然情绪失控，对孩子大打出手；还有的单亲妈妈背着行李带着女儿，怀揣最后十几元钱到劳务市场找工作，但却因为带着女儿没人愿意录用她，母女俩又冷又饿，女儿看着路边的烤香肠流口水，她一狠心花了两元钱给女儿买了一个，但或许是因为太烫，或许是因为不好吃，女儿咬了一口就吐了出来，这位单亲妈妈情绪崩溃，发疯似的把女儿推倒在地。打孩子当然是不对的，但她们的处境确实让人同情。

我自己也属于单亲妈妈群体中的一员，我身边的单亲妈妈们大多有房、有车、有事业，拥有相对比较高的收入，活得相对比较体面；但同时，我也知道，在我身边的世界之外，有一些单亲妈妈活得非常艰难。就我所见，绝大多数妈妈都是很忙很累的。你做某个工作，还可以有周末、节假日，唯独妈妈这个职业，是全年无休的。而单亲妈妈或者"丧偶式育儿"的"隐性单亲妈妈",则是"忙中更忙,累中更累",因为她们不仅要工作,还要管孩子。我真心希望她们的基本权益能够获得保障,让她们能拿到应得的东西,比如,平等的就业机会、晋升机会,孩子的抚养费能落实到位。同时我也希望,人们能够不对她们投去异样的眼光,不对她们有身份歧视。

02 单亲妈妈也不必把自己置于需要怜悯的角色

单亲妈妈是有很多不容易,但世上之事,总是"福祸相依,得失并存"。单亲与否,也不过就是一枚硬币的两面而已。已婚人士的烦恼,或许一点儿都不比我们少。事实上,普通中年人的字典里,哪里有"容易"二字?为了维持基本的体面,我们都已用尽了全部的力气。

我并不想呼吁人们特别关照单亲妈妈,因为这反而可能造成新的歧视,比如专门针对单亲妈妈的职业歧视、择偶歧视,所以,大家只要能平等看待她们、像善待别人一样善待她们就好了。

单身妈妈的生活,困难确实不少,但是其实真的不是充满悲情的。首先,我并不认为单亲妈妈是受害者或弱者。我们只是离了婚,不是"缺胳膊少腿",也不是遭受了不白之冤。我们的工作和生活一样有条不紊,没给社会和他人带去一丝负担和不便。虽然离婚了,但我们自食其力,仍然拥有健康的身心和完整的尊严。而且,离婚是我们自主选择的,没有受到任何人的胁迫,也不是被抛弃。我们已经是成年人，知道哪些选择是趋利避害的。这就像选择跟一个人牵手过一辈子一样，我们选择不过下去也值得被尊重。

所以，我也不希望单亲妈妈把自己置于一个需要被怜悯和特殊照顾的位置。比如说，因为你是单亲妈妈，你就希望政府给你补贴；因为你是单亲妈妈，你就希望用人单位允许你早点儿回家陪孩子。

不是我没有同情心，而是我觉得特殊照顾本质上是"歧视"的变种。

一旦我们觉得自己需要社会的特别照顾和他人的怜悯，短期来看或许能占到点儿便宜；但长期来看，就可能会让整个社会觉得这个群体确实很弱势、确实需要照顾，结果他们可能就更加不给你工作机会、升职机会，还会戴有色眼镜看待你和你的孩子。

有些用人单位或单身男性一看到单亲妈妈，就会说："哎呀，她是个单亲妈妈，她有个'拖油瓶'，我得考虑下选她会不会'性价比'太低。"可现实生活中，单亲妈妈真的"性价比"低吗？不一定。工作上，因为没什么后盾，她们可能更舍得拼，更能处理好工作与家庭的冲突，然后争分夺秒去拼搏；感情上，因为有过失败的经历，她们可能更懂经营、更愿珍惜。明明她们在工作场合和婚恋市场也有自己独到的优势，不能因为这样或那样的原因促使他人戴上有色眼镜看整个单亲妈妈群体。大家还没开始去了解她们呢，就先入为主地形成了某种"刻板印象"，继而对她们退避三舍。

我认为有些单亲妈妈公益宣传片的内容过于夸张了，大家看完反而觉得："天啊，当个单亲妈妈原来那么惨啊，那我这段婚姻再痛苦，也总比没有的强。"离婚不是一件值得鼓励的事，但我希望大家只把它看成一种止损方式。既是止损，就不需要社会的"特别补贴"。

对单亲妈妈这个群体最好的关爱，不是突出她们有多不容易，也不是强调她们比别人缺失了什么，而是不把她们当特殊人群看待。人性就是如此，如果你博得了社会的同情，人们对你的歧视可能也就开始了。明明本身不那么弱势，一被歧视，就真变弱势了。

单亲妈妈这个群体，需要的只是公平对待。给她们应得的权益，给她们平等机会，给她们和其他群体一样宽松的舆论环境，就是对她们最大、最好的关爱。

03 单亲妈妈 help（帮）单亲妈妈

成为单亲妈妈以后，我感觉这一路上遇到了许多对我心存善意的单亲妈妈。可能是因为大家都有过相同的经历，彼此相遇之后，总有惺惺相惜之感。这种惺惺相惜感，有点类似于同病相怜——你得过某一种与她们相同的病，但最后痊愈了。

我刚离婚的时候，度过了一段很痛苦的时光。为了让自己忙起来，不让自己有时间胡思乱想，我就出去做兼职文案工作，遇到了一位董事长的妻子，同时她也是该集团公司的财务总监。一开始，她对我有点儿冷淡和挑剔，但后来听说我是单亲妈妈，她马上对我变得热情甚至是殷勤了起来。她后来跟我说，她也是离婚后遇到董事长，并跟他一起创业起家的。

后来我买房子，在看房过程中遇到了一个单亲妈妈。她一个人带着两个儿子，其中一个儿子还存在智力障碍。她知道我是单亲妈妈后，带我看房、看车位时就特别热情，一路问我的情况，还把我送到了小区门口。中介说她对别的看房的客人可没有这么热情——只可惜，她那套房子我没看上。

创业过程中，我遇到过一个客户，她一开始对我也是公事公办的态度，后来知道我是单亲妈妈之后，连着给我介绍了好几个单。我之前跟她聊天，说我把装修房子的钱在股市里亏掉了一大半，她二话不说直接给我转款了一万元，说是借我的。我赶紧退了回去，跟她解释说我不是要借钱。而那时候，我们才见过三次面。

某天，我工作室的房东来找我沟通房子的事情，我们也是偶然聊到孩子的话题，接着聊到彼此的情况，发现我们都是单亲妈妈后，话匣子就打开了，对方又是跟我拥抱、又是跟我握手，与刚签合同时对我带着防备心的样子判若两人。

女房东是在"离婚冷静期"出台前离婚的，从发现丈夫出轨到离婚，耗时半年。她是独生女，母亲早逝，父亲照顾年迈的奶奶，家里有四套房；而男方什么都没有，却永远只喜欢崇拜他的女大学生。她和前夫从上大学时候开始就谈恋爱了，在一起走过五年，结果她一怀孕，男方就出轨了。现在，她一个人带着女儿生活，最近找了比自己小几岁的异地男朋友。

她说，刚离婚时挺难受的，可现在，只觉得日子越过越舒爽，心情也越来越轻盈，而且事业运也变好了。以后的人生是自己的，可以为自己而活。

我说："哎，相似的情节，雷同的桥段，一样的结局，相同的体验。"

她听说我没空去健身，甚至睡觉的时间都不够用，临走之前，她靠在门框上对我说："你要对自己好一点儿啊。女人都不容易，真的要对自己好一点儿。"我当时差点"泪奔"。

我跟这些单亲妈妈，也不是刻意聊起这些话题。很有可能一开始只是寒暄，比如，谈到"你家几个孩子呀，有没有计划生二胎啊"，我就会回答"我离婚了，暂时没找到对象生二胎，也不想生了"；谈到"孩子今天没一起来吗"，我就很自然而然地回答"去爸爸家了"……然后聊到了离婚，再聊到离婚原因，然后，大家的关系就拉近了很多。

离婚之后，我将自己的离婚疗愈历程写成文章发到了网上，有几篇文章成了"爆款"。随后，我被出版商发现，接二连三地出版了几本书，并开通了自己的同名公众号，认识了很多单亲妈妈。大家都有过对婚姻的憧憬，最后又都经历了对婚姻的幻灭，都有过被伤害、被漠视、被背叛的经历，都在离婚后带着孩子"野性勃勃"地生活……我们不需要来自同一个地方、不需要毕业于同一所学校、不需要有相同的兴趣爱好，只需要有相同的经历，就可以彼此懂得、彼此信赖。她们当中的有些人跟我说，"想到这世界上还有一个与你未曾谋面的人，跟你经历过一样的事、有一样的心情，跟你在某些事情上持一样的观点，我们就不再孤独了。"

马尔克斯说过这样一句话——文字有一个极大的好处，它是水平和无限的，它永远不会到达某个地方，但是有时候，会经过朋友们的心。我相信我的文字曾这样走进过众多单亲妈妈的心，可能也温暖过她们、治愈过她们。但同时，她们的阅读，也正在温暖我、治愈我。这种彼此懂得的心情，就是无价的。

我很喜欢这样的互动，因为它让我明白：女性之间不是互相竞争、嫉妒、攀比、陷害的关系，她们是可以守望相助的，是可以休戚与共的。她们可以互相帮助，联合起来，共同对抗女性受到的恶意、歧视以及各种不公。

女人之间真正的友谊，或许要在中年以后才被大多数女人重视。男人不一定是最后的归宿，女人们也可以结伴成长，共同抵抗命运最后的孤独。